大唐女子图鉴

WOMEN IN THE TANG DYNASTY

张昕玥 编绘

CNS PUBLISHING & MEDIA 中南出版传媒
湖南文艺出版社 HUNAN LITERATURE AND ART PUBLISHING HOUSE
博集天卷 CS-BOOKY

前言

记一场基于史实合理想象的现代艺术创作

唐朝，华夏文明悠久历史长河中一个瑰丽璀璨的王朝，对中国乃至世界都具有强大的影响力，许多人沉醉于它恢宏大气、开放包容的气质，其中也包括我。对唐代历史文化的浓厚兴趣，正是我创作这一主题绘画作品的原动力，而从小对传统工笔仕女绘画题材的喜爱，以及对专业服装设计与服装结构的理解，则是我绘画创作的基石。

其实早在十年前，我就受到陈诗宇先生所做的“中国妆束”系列唐代复原造型，以及后来他与王非先生共同创作的“大唐衣冠图志”系列图文的影响，开始以一种全新的视角思考历史上真实的唐代服饰是什么样子的。那时我就像个门外汉，却又忍不住时常伸首向门内窥探。直到 2017 年我辞去服装设计师的工作，开始全身心投入绘画创作，我才真正开始系统地了解与学习相关知识。2018 年年末，“大唐女子图鉴”系列绘画作品作为我自己对唐代女性造型的学习笔记，陆续公开发布在社交网络平台上。自“连载”之日起，我仿佛正式推开了那扇通向一段繁盛时代的历史的大门，霎时间看见门内光华万千，耀眼夺目。2019 年年末，我有幸与博集天卷公司达成合作，有了正式将这个系列的绘画作品出版成书的计划。全书以唐代女性形象为主题，探索了现代绘画技法在传统仕女题材创作中的运用，而其中瑰丽多变的女性形象也是一面映照大唐王朝兴衰变迁的宝鉴。

创作一本书并不像我想象的那样容易，这个过程让我看见了自己的野心与局限。

我认为，《大唐女子图鉴》是基于史实合理想象的现代艺术创作，这本书的创作目标是尽可能做到兼具准确性与艺术性。准确性是指注重细节，尽可能贴近历史资料中可见的唐代人物造型；艺术性则是指在主题的基础上创作出具有个人风格的现代绘画作品。两者结合，不论是对历史感兴趣的读者，还是对绘画感兴趣的读者，都能从这本书中获得乐趣。我虽然擅长在细处下功夫，但通过不断练习与思考，再反观过去的画稿，我看见了自己专业知识的不足、绘画技法的不成熟与心境的浮躁。否定过去的自己是痛苦的，却也是前进的必经之路。从 2021 年起，我用了两年时间对已完成的画稿进行了重新审视和删改，通过更进一步的资料阅读与学习，我更清楚地看出了之前作品中的问题与不足。知识的累积永无止境，绘画者对画面表达的追求也没有终点，虽然仍有浮躁与不安，但我拼尽全力交出一个阶段性的成果，这也是我下一段创作旅程的起点。

经历数载寒暑，我用手中的画笔将这些年的所学所感寄托于千姿百态的女性形象之上，终于将这本《大唐女子图鉴》呈现在读者面前。也许，我真的在那扇门里前进了一小步。

这百余张图，两百多位唐代女性形象，只是我心中大唐图景的一角，也愿这本图册能为你心中的大唐涂上一笔别样的色彩。

张昕玥

目录

初唐

武周

盛唐

中唐

晚唐

五代

盛装

男装

卷二 大唐女子的生活娱乐图鉴

游 153

出行

游乐

饮馔

乐舞

卷三 大唐女子的传奇故事图鉴

梦

女冠

华清池

香囊仍在

比丘尼

附录

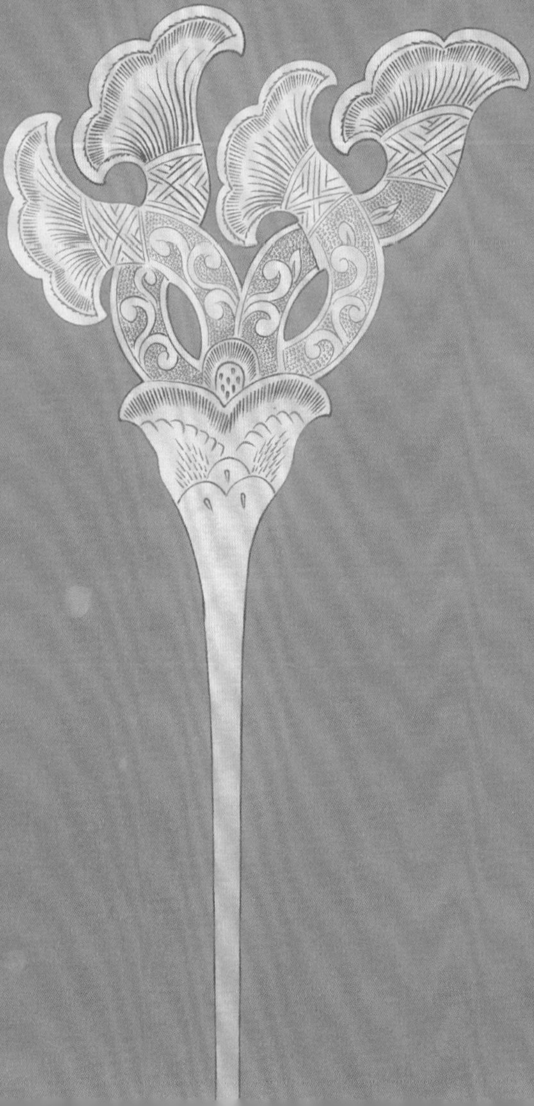

大唐女子的时尚变迁图鉴

卷一

形

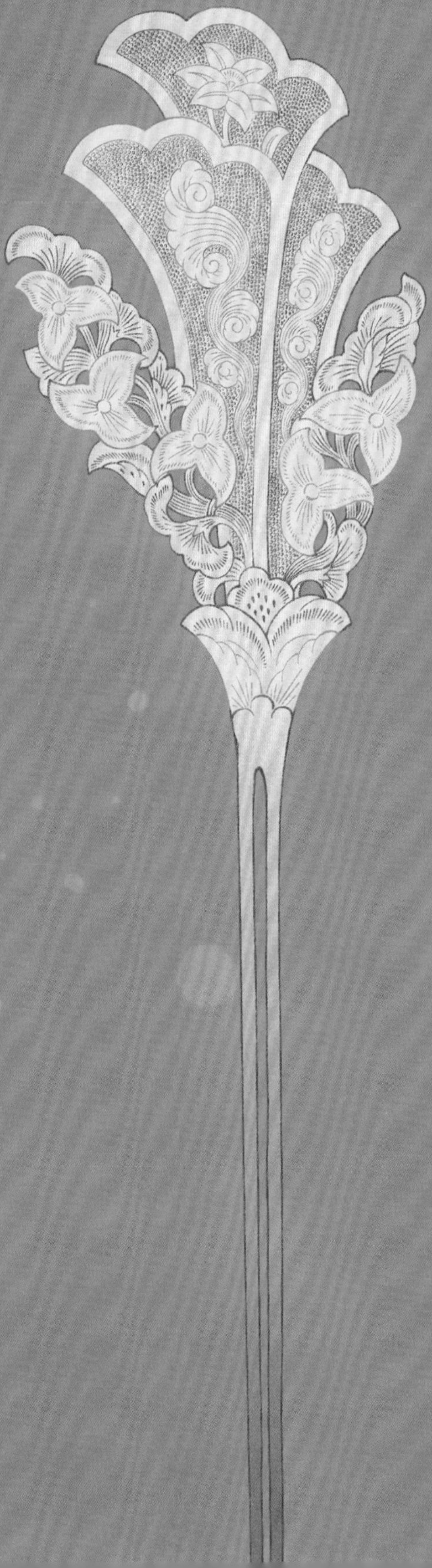

初唐与武周

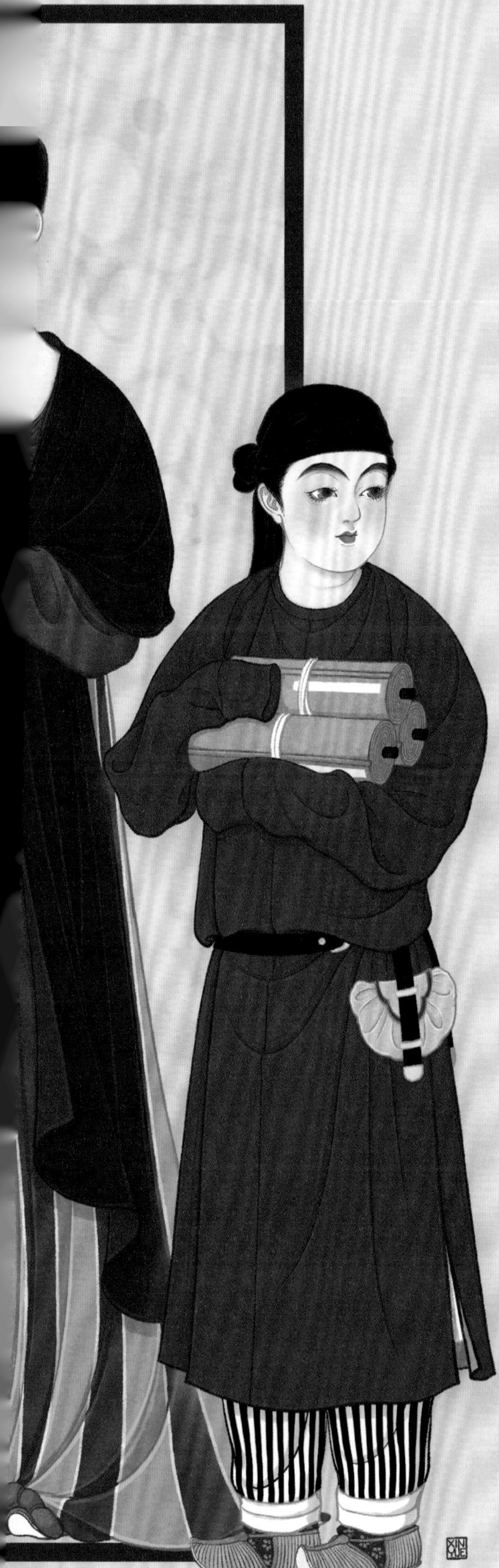

窄衣纤裳

大唐开国，女子仍承袭隋朝的服饰风尚，喜好穿紧窄纤长的衣裙。短身窄袖的上衣压于裙下，背带长裙在胸前高高束起，裙片以单色或多色窄布条拼缝而成，裙条的色彩也多采用红绿、红白等大胆的撞色。整体造型纤细婀娜，凸显初唐女子身姿轻盈，着装简约。

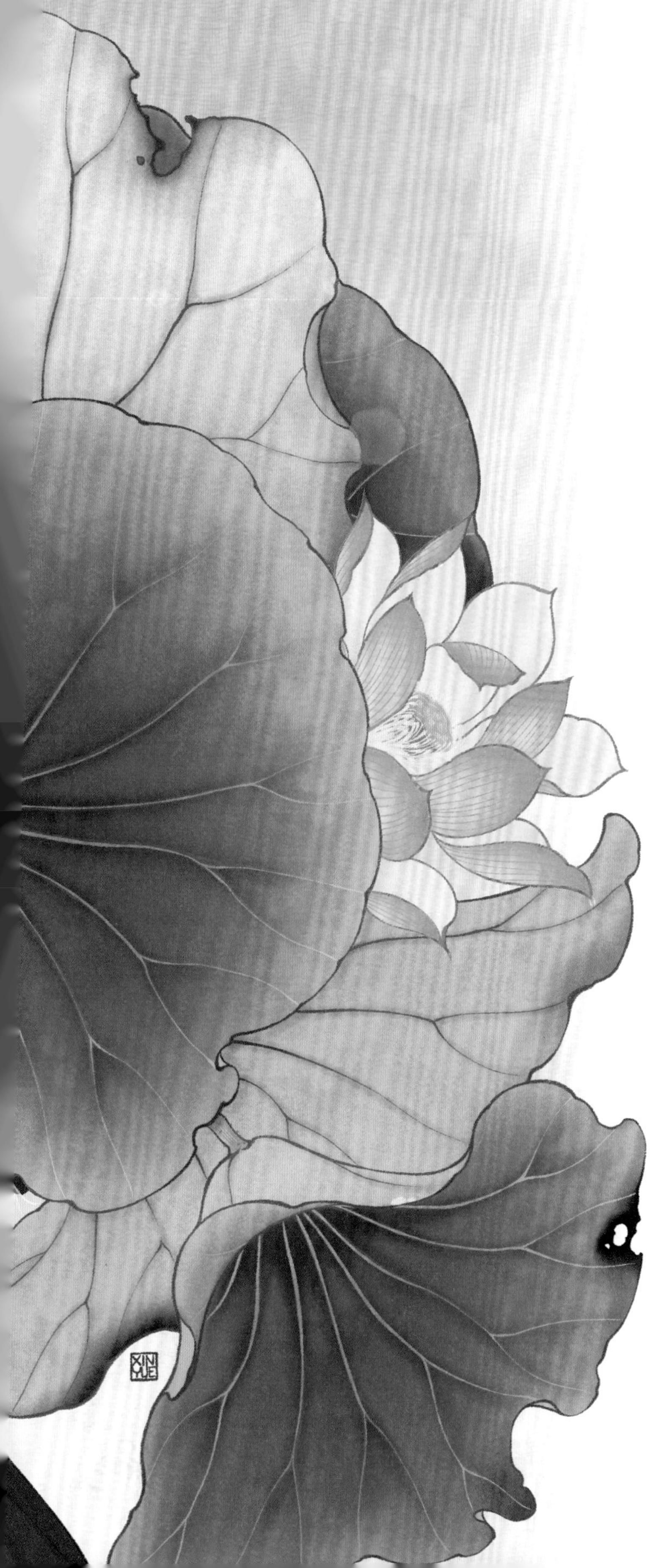

高髻半翻·其一

隋朝时期，女性的发髻已多种多样，有形如卷曲荷叶的『翻荷髻』，有缩发平坐于头顶的『坐愁髻』，有形如片状云朵的『朝云髻』等。唐贞观年间，后宫中又衍生出将『翻荷髻』体积收缩的『半翻髻』，形如长安城中高地『乐游原』一般高耸的『乐游髻』，等等。

十五岁及笄前的少女，常梳『丫髻』。头发从中间分开两份，于头顶分别集束成髻或鬟，梳好后形状就像丫杈，故而得名。头梳丫髻的少女也是出土的初唐墓葬壁画中常见的侍女形象。

丫髻少女

初唐女子的妆面以淡雅为尚，绘柳叶长眉，以胭脂在两颊薄薄晕染，称作『桃花妆』。除了妆面仿效桃花的粉晕，当时的女子还效仿一种源于北朝时期的风俗，将春日采摘的桃花浸泡于雪水之中，然后用此水洁面，以祈愿容颜如花胜雪。

柳眉桃面

随着唐朝国力的提升，高宗朝的女子时装变得华丽起来。当时流行的间色裙，裙条变得极细，一件裙装由十几甚至几十条细窄的裙片拼接而成，制作极为费工费时。女子服饰的奢靡之风也引来了朝廷关注。高宗特意在诏书中对穿着这类华服加以申斥，力倡节俭，以武皇后日常穿着的简单裙装为女子着装的榜样。

花间衣裙·其二

女子的发髻越梳越高，便产生了各类新巧的样式。其中以簪钗将发缕高高挑起形成双鬟，形如画中仙子的发髻，被称作『双鬟望仙髻』。之后更是出现了以漆涂黑的木质双鬟假髻，即『漆鬟髻』，女子直接戴假髻于头顶，即可便捷地制作出『双鬟望仙髻』。

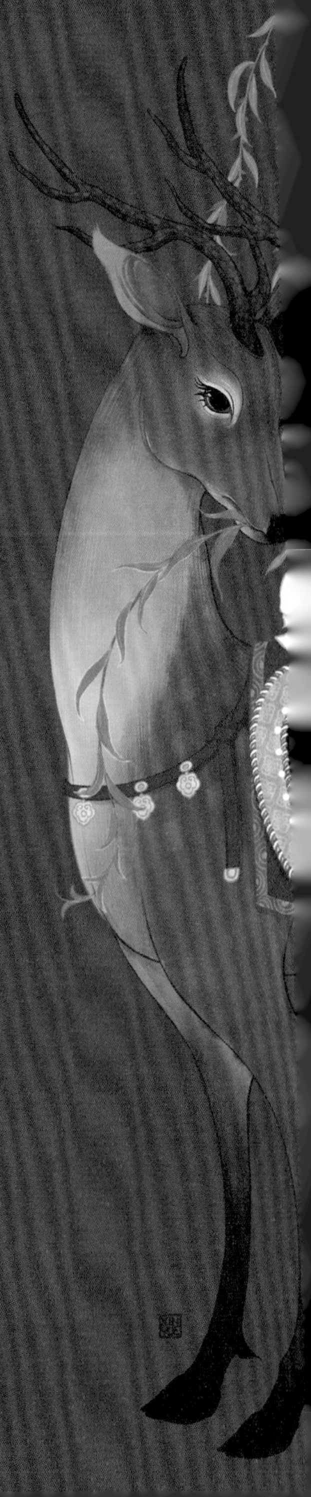

双鬟望仙·其一

双鬟望仙·其二

珠玉锦绣·其一

XIN
YUE

武则天称帝后，女性变得更为开放自信，崇尚英武的气质和颀长挺拔的身形。她们采用华丽的锦缎来裁制新衣，着装大胆张扬。上衣领口开得很低，使酥胸半露；上身另罩一件纹样华丽的织锦『背子』①；裙装的腰线上移至胸下高腰处；宽大帔帛的一端被掖入领口或裙腰，另一端绕肩一周后用手裹于胸前，这便是武周女子最具代表性的衣装造型。

① 背子：短袖或无袖的直领对襟上衣。

珠玉锦绣·其三

为了与华丽的衣裙相配，女子面上的妆容一改旧日的清淡素雅风格。她们浓画双眉，眉头收尖，眉尾自然晕开；底妆素白，再于面颊上厚施红粉；额间花钿与脸畔斜红常画得大而夸张，色泽艳丽，花样张扬。

神龙政变后，女皇退位，但这并没有磨灭大唐女子的『野心』，中宗之女安乐公主引领着大唐女子新一轮的时尚潮流。安乐公主曾吩咐宫中巧匠以百鸟羽毛织成两条『百鸟毛裙』，一条自用，一条献于皇后韦氏。《新唐书·五行志》中形容此裙『正视为一色，傍视为一色，日中为一色，影中为一色，而百鸟之状皆见』，可见其绮丽非凡。

百鸟毛裙

贵族女子常用簪钗将事先做好造型，加上各种金银花钿装饰的『义髻』①戴在真发之上。当时流行的假髻，形态犹如飞鸟受惊时掠起的翅膀，因此得名『惊鹄髻』，可作单翅佩戴，也可对称成双佩戴。因不必用太多真发梳成髻，发量有了余裕，女子便改在鬓发上做出花样，将两鬓梳成轻薄隆起的样子，时人称其为『蝉鬓』。

① 义髻：假发髻，用金属丝造型后盘结真发编织而成，也有的用薄木造型后涂黑漆制成。

XIN YUE

盛唐

XIN YUE

随着女主临朝的余波彻底消失，励精图治的玄宗为倡导节俭而颁布禁奢令，女性华丽奢侈的衣饰便首当其冲。大唐女子的衣装造型从明艳张扬的外放样式逐渐转向内敛，奢华夺目的织锦背子、彩条间裙，都被藏在了素色的衫裙之下，只隐隐露出一些边角轮廓。

隐去锋芒·其二

从武周时期发展而来的『蝉鬓』，在开元年间被女子们向外梳掠得愈加宽且蓬松起来。脑后的头发越垂越低，日常的发髻多在头顶结作垂堕的小髻，低调质朴，称作『倭堕髻』。后来，女性的真发都用在梳鬓和垂发上，额顶的小髻也另用假髻代替了。

倭堕新梳

XIN
YUE

过去华丽大胆的妆容在开元前期也有所收敛。妆容的整体风格转向轻巧秀丽，眼畔薄薄晕染胭脂，面上的花钿、斜红也变得小巧精致起来。当时还出现了一种新式妆样，在染上胭脂的脸颊上再用素粉点画花样，称作『泪妆』。

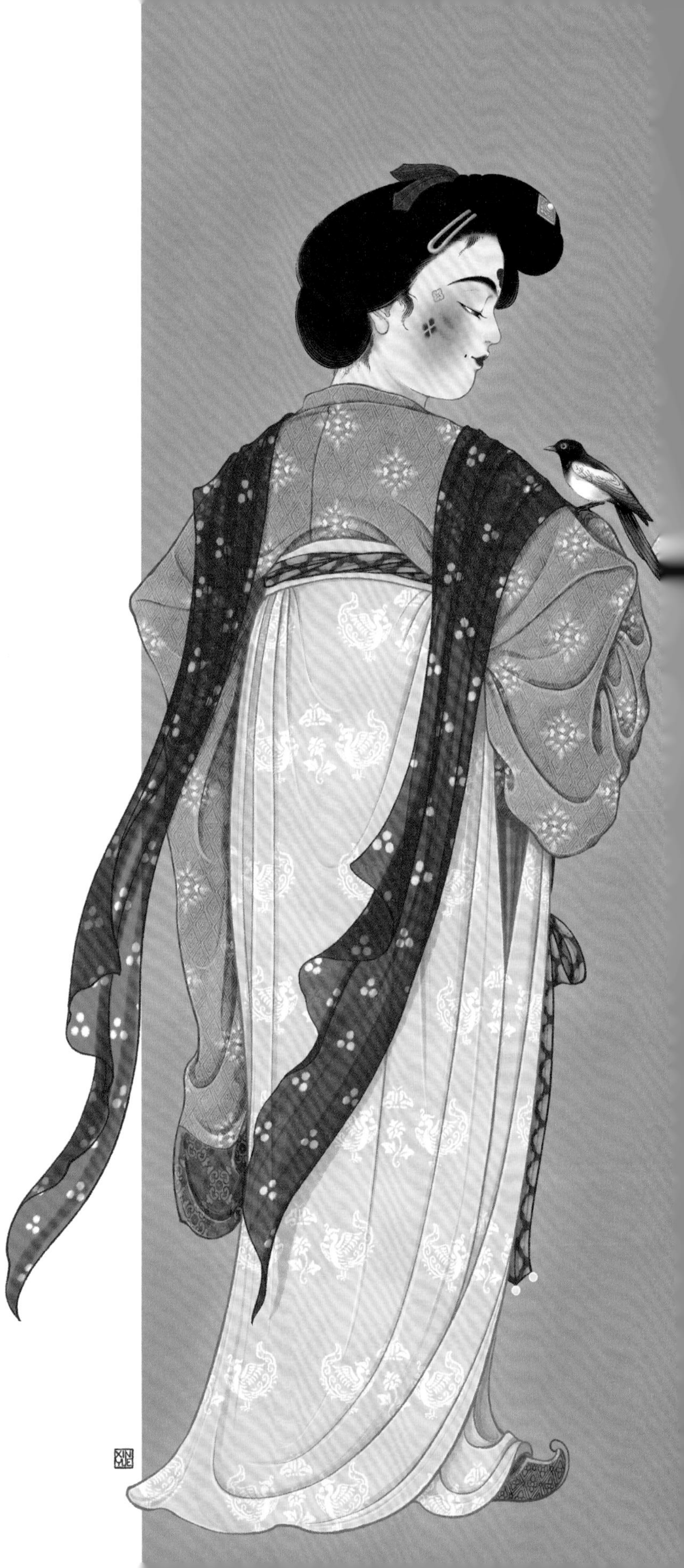

丰腴之美·其一

今人熟知的唐朝『以胖为美』的风尚，正是在盛唐时期形成的。

随着唐代制糖技术的发展，喜吃甜食的大唐贵族女子的身材愈发丰满。她们的上衣宽博，只在衣袖处收窄，内搭硬挺的背子，故意让肩膀夸张地向外支棱起来；裙装也一改初唐时纤细的样式，多是整幅拼接加褶的款式；围在胸前的帔帛变得薄透窄长，又有『领巾』之名，行走时随风飘动，衬托出女子仪态婀娜。

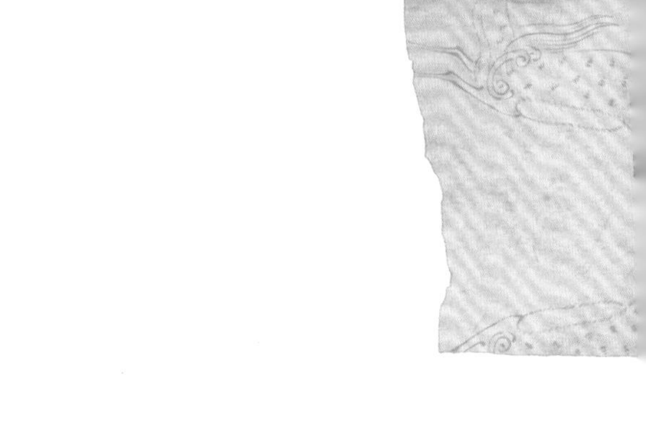

丰腴之美·其二

玄宗统治下的大唐迎来盛世，到了天宝时期，禁奢令已变得形同虚设。追求时尚的大唐女子也开始寻找禁奢令之外的替代品，衣饰的奢侈程度相较前代更有增无减。在面料上绘画、印染的工艺随之大行其道，使用金银线刺绣、金银泥勾描各类繁丽花样的鲜艳衣裙成为贵族女子的新宠。一种源于秦汉时期的传统雕版镂空防染印花工艺——『夹缬』，也在盛唐时期得以复兴和发展。

盛唐女子既可以如『却嫌脂粉污颜色，淡扫蛾眉朝至尊』的虢国夫人一般粉黛不施，也可以阔眉浓妆，将各色小花形状的面靥贴得满脸。但总体而言，她们日渐丰盈的面庞还是需要浓艳的胭脂和精巧的花靥来装饰，才显得更加雍容。

浓淡皆宜

天宝四载（公元745年），深得玄宗宠爱的杨太真终于成为贵妃，也成了万千大唐女子竞相追随的时尚偶像。传说杨贵妃喜爱在头上佩戴高大的义髻，穿着黄裙。还有传说，将发髻斜绾在头顶一侧的『偏梳髻』也是由杨贵妃所创。这些造型均引来天下女子争相效仿。可好景不长，随着安史之乱的爆发，杨贵妃在马嵬坡香消玉殒，她生前所引领的时尚潮流也被后人认作引发战乱的不吉征兆。

义髻黄衫

中唐

曾酷爱胡风的唐人在历经安史之乱后，认为胡服的流行不仅是战乱的征兆，更是引起战乱的原因之一，视穿胡服为『服妖』。紧窄合身的胡服热度骤然退去，中原文化中宽衣博带的衣装传统重新回归。衣袖、裙裾重新变得宽大，不再采用西域风格强烈的纹样，更为写实且富丽繁冗的花草鸟虫图样成为新的流行纹样。

中唐时期，女子仍以修饰鬓发为梳头的重点。区别于盛唐时两鬓中空、蓬松隆起的式样，这时的『蝉鬓』呈现出向外扩展、竖立的单层薄片状。随着时间的推移，这样的鬓发也变得愈发突出和夸张起来。长安城中流行一种将发髻倾斜绾在一侧的发式，名为『堕马髻』。

起初，『堕马髻』还以真发梳就，倾垂在头顶一侧，呈小鬟状。发展到后期，女子开始使用大片的假髻直接倾倒在头顶，或多个假髻组合、重复堆叠，样式夸张，别名为『闹扫髻』。

堕髻风流·其二

安史之乱后，女子的妆容不再如盛唐时那般气象万千，面施淡粉薄妆，额贴小小花钿，成为当时的主流。这样内敛的化妆风格持续了数十年。直到德宗贞元年间，一些标新立异的诡异妆面开始流行于贵族女性之间，其中以『啼妆』为代表，将双眉画作『八』字形，仿佛因悲愁而蹙起。

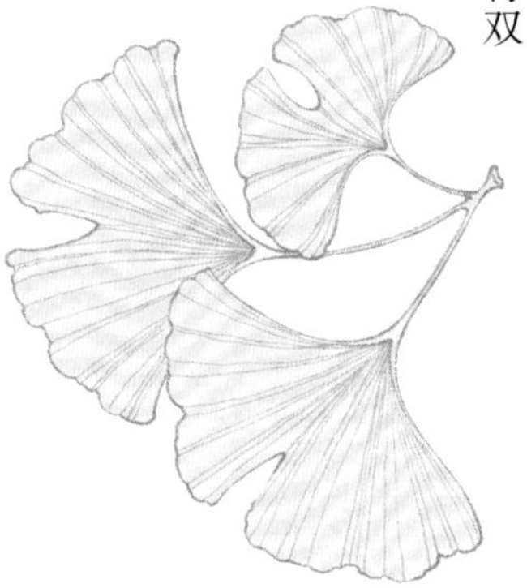

愁眉啼妆

椎髻血晕·其一

宪宗元和末年，女子喜爱梳一种『椎髻圆鬟』式样的奇特发型。她们在额顶高梳起尖长的椎形发髻，其上插满小梳，又将余发在脑后拢作圆鬟。穆宗长庆年间，脑后的圆鬟发式逐渐发展为多鬟。与之配合的，正是白居易在《时世妆》一诗中所描写的『乌膏注唇唇似泥，双眉画作八字低』的妆面。

椎髻血暈·其二

同时，一种更为诡异的『血晕妆』，也在『啼妆』的基础之上流行起来。女子用赭色颜料抹脸，在双目上下画出三四道红紫色的长痕，如同血痕一般。这类怪异时尚很可能来自异域，但在中原流行起来，也像是一种盛世即将倾颓的预兆。

椎髻血暈·其四

除了妆容，女子的衣裙也朝着夸张的方向发展。宽阔的上衣不系在裙内，索性直接披垂在外，因此得名『披衫』。决心改革的文宗皇帝，针对女子逾制且奢侈的服装也曾颁布禁令。为了使禁令得以顺利推行，文宗直接拿皇室宗亲开刀。开成四年（公元839年）正月十五日夜，文宗在与后宫妇人一同观灯作乐时，见女儿延安公主的衣裙过于宽大，便立即将她斥退，并以公主衣服逾制为由扣罚驸马两个月的赐钱，可见文宗变革的决心。

高髻险妆

与『大袂长裾』相配的发式、妆容亦显得颇为奇诡怪异。『出意挑鬟』是指以长钗将头发高高挑起，直竖头顶；『两重危鬟』是指在脸颊畔撑起两重宽大的鬟发；『去眉开额』是指把原本的眉毛剃去，又剃开额际的头发让发际线上移，使额头显得更为宽广。

这类『高髻险妆』的梳妆样式同样也在文宗颁布的禁令之列，但朝廷禁令的推行在宫外却收效甚微，民间贵妇之间大袖长裙、高髻险妆的『竞赛』从未停止。

晚唐至五代十国

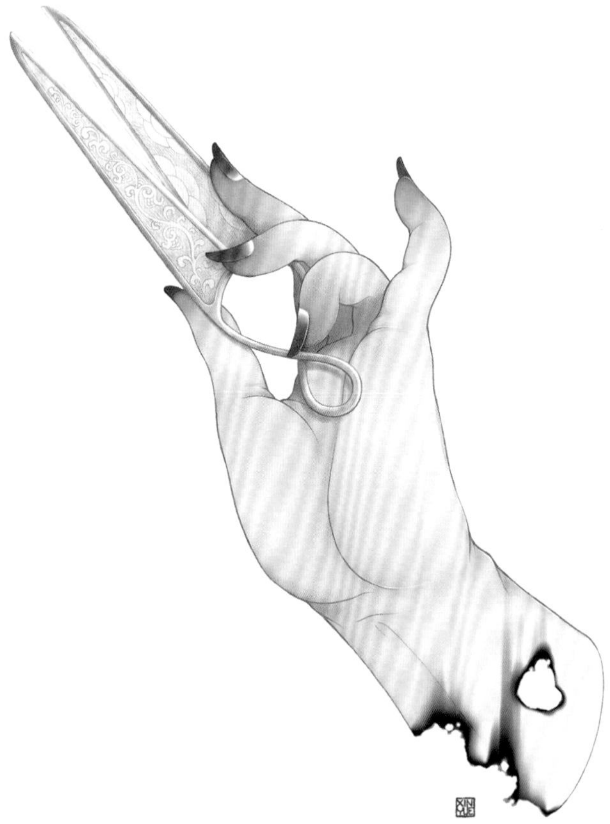

包髻丽人

XIN
YUE

颁布禁令之后，女性着装虽略有收敛，但衣袖宽广、裙裾曳地的款式仍为大唐女子所喜爱。衣上绘绣印染一簇簇繁复的团花纹样，其间点缀流云与飞鸟，长长的帔帛足以绕身几周。从敦煌壁画中所描绘的晚唐贵族女性供养人所着的衣装来看，在女子们开敞的胸前，还多了层层叠叠的项链装饰。

花团锦簇·其二

晚唐少女

晚唐的时局动荡不安，拮据的大唐贵妇以花钗替代礼冠，出席重要场合。这类钗多是成对出现的，鎏金材质，呈薄片状，其上多镂空錾刻花、叶、鸟、蛾等纹样，细致生动。许是为了尽可能多地展示首饰，她们绾起的发髻多梳作平缓的云形基座，髻前插梳篦，髻上呈放射状铺展开数对精美花钗。

云髻花钗

晚唐至五代，贵族女子着盛装时，除了戴满头的花钗，还爱将各式各样的花钿与面靥贴于面上做装饰。她们将绢帛或金箔裁剪成或似飞鹤大雁，或似山峦繁花的小件，背涂鱼胶，用时沾湿贴于面颊之上，卸妆时用温水轻敷便可取下。

花靥满面

自安史之乱后持续了百余年的藩镇割据，终结了李唐王朝的统治。但在女子的衣裙之上，大唐盛世的繁华仍未退去。

乱世中，女子虽然很少再满头插戴华丽的首饰，但她们宽大的裙裾拖在身后仍可达数尺，裙下搭配绣花抹胸流行起来。抹胸一半露出裙腰，围在胸前；一半藏在裙下，与裙子一同由腰带束紧。这样的穿法，让本就宽大的衣裙更加富有层次感。

盛世残影·其一

盛世残影·其二

在十国中偏安一隅的南唐，贵族女子间流行将双眉高画于额际，眉间贴小小花子，在面上微微洒以金粉，这种妆容名为『北苑妆』。女子如传世名画《簪花仕女图》中所绘的美人，头梳夸张的高髻，身穿薄透的广袖衣衫，胸下的身躯隐在色泽秾丽的长裙中。这样『隐』与『显』的糅合，形成一种极具特色的宫廷时装风格。

盛装

唐代后妃命妇的礼服制度承袭隋代，相关法典中注明，皇后头戴由大小花树、宝钿、两侧博鬓构成的『花十二树』礼服冠，身着深青色『袆衣』，衣上织十二等翟鸟，并搭配素纱中单、蔽膝、大带、青袜舄、白玉双佩、玄组双大绶等，它们一并组成皇后出席受册、助祭、朝会等重大礼仪场合所穿的最高规格礼服。而在由皇后主持的『从蚕』礼上，皇后则会将袆衣换成淡黄色的『鞠衣』作为亲蚕服。

同样，在这类重大场合，皇太子妃戴『花九树』礼冠，身着织有九等翟鸟的青色『褕翟』，其余构件则与皇后所用的类似。

命妇泛指被国家授予封号的女性。唐代五品以上的内外命妇，遇到重大场合，同样会穿青色的『翟衣』。翟衣多为纱罗材质，其上的翟鸟为刺绣；头饰为博鬓、宝钿、花钗，花钗上的花树数量也随命妇的品级递减。这类服饰除了用于受册、从蚕、朝会等场合，也可作为外命妇出嫁时的嫁衣。

如果袆衣、鞠衣、翟衣是最高规格的礼服，那么『钿钗礼衣』则作为稍次一级的礼服，被用于皇后宴会宾客，内命妇寻常参见，外命妇朝参、辞见、礼会等相对次要的场合。礼服的颜色可用杂色，但头上的『钿钗』的数量仍体现出穿着者品级的高低。

亲蚕鞠衣

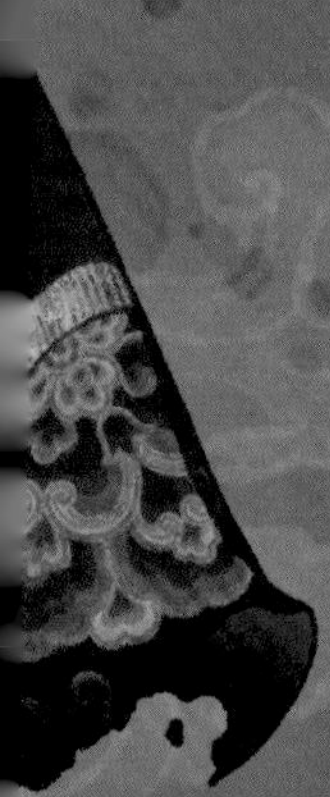

唐代的女官制度承袭隋代，后确立了六局二十四司的女官系统，是后宫的枢纽，其职责主要分为文书处理、赞相礼仪、生活管理、督责惩罚四大类。随着女主武则天代唐立周，原本只服务于后宫的女官也逐渐在前朝崭露头角，影响朝局走向。最为出名的莫过于『天性韶警，善文章』的上官婉儿，有『巾帼宰相』之称。

依唐礼，官员入朝参见，须穿戴符合礼仪的衣冠，文官使用冠上有梁隆起的『进贤冠』，武官则使用正面有鸟形装饰的『武弁』。武周时期的女官服制度虽已不见于文字记载，但通过留存下来的石刻壁画，可以大胆推测出当时女官的冠饰有效仿男性文武官员官服制式的痕迹，配合盛装的玉佩组、璎珞流苏，从腰际垂挂至裙边，琳琅满目。

但随着上官婉儿被李隆基下令处死，在朝堂上搅动风云的女官退回内庭，之后更鲜少再与男性比肩而立。

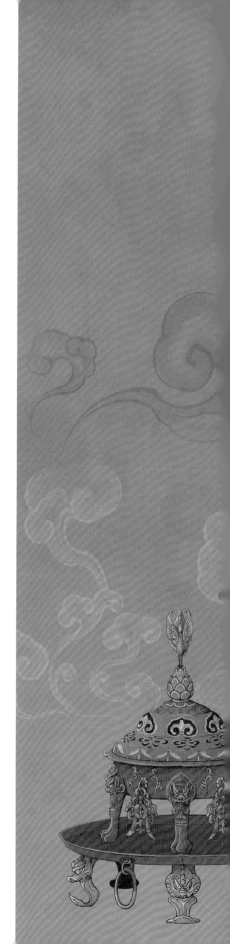

武周女官

盛唐女官

晚唐女官

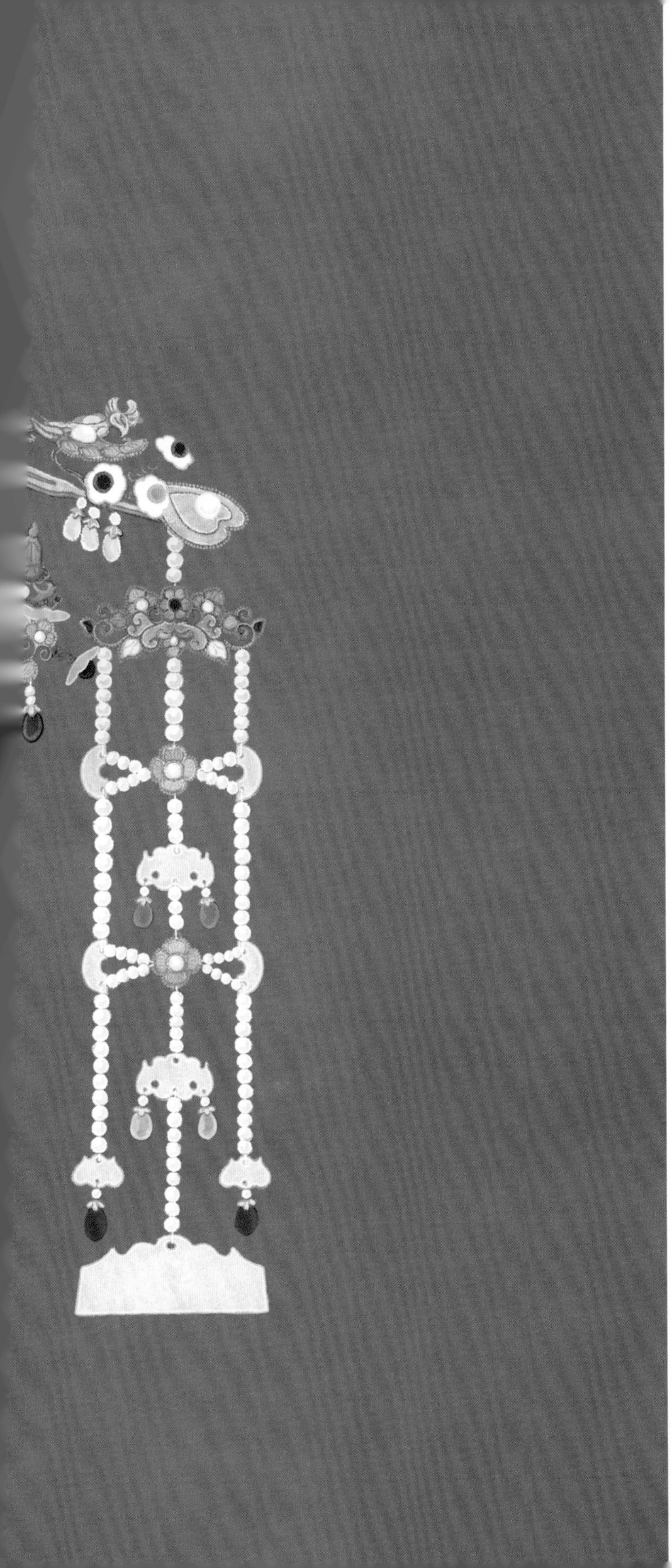

武则天血洗李唐宗室时幸免于难的嗣舒王李津，在景云二年（公元711年）迎来了他的二女儿，取名『李倕』。可惜的是，开元二十四年（公元736年），李倕因难产结束了她短短二十五年的生命。2001年，李倕墓于西安被发现，其随葬品亦陆续被发掘，巧夺天工的缠枝飞鸟形金饰上镶嵌的珍珠、玛瑙、绿松石、螺钿、水晶虽已散落入泥，但开元的盛世气象仍令世人惊叹。

宗室贵女

唐人的婚礼举行于黄昏，步骤很多，其中以『催妆』『却扇』两个环节最有特色。催妆，指夫家迎亲时，在新娘家门前高声呼叫，吟诵『催妆诗』，催促新娘快些装扮好，出门登上喜车。待新郎好不容易将新娘迎回自家，仍有侍娘擎着行幛将新娘身影遮住，新郎须吟诵『去行座幛诗』，将新娘请出幛。但此时新娘的面庞依旧隐在团扇之后，新郎还得再吟诵『却扇诗』，新娘才会将团扇移开，露出面容来。

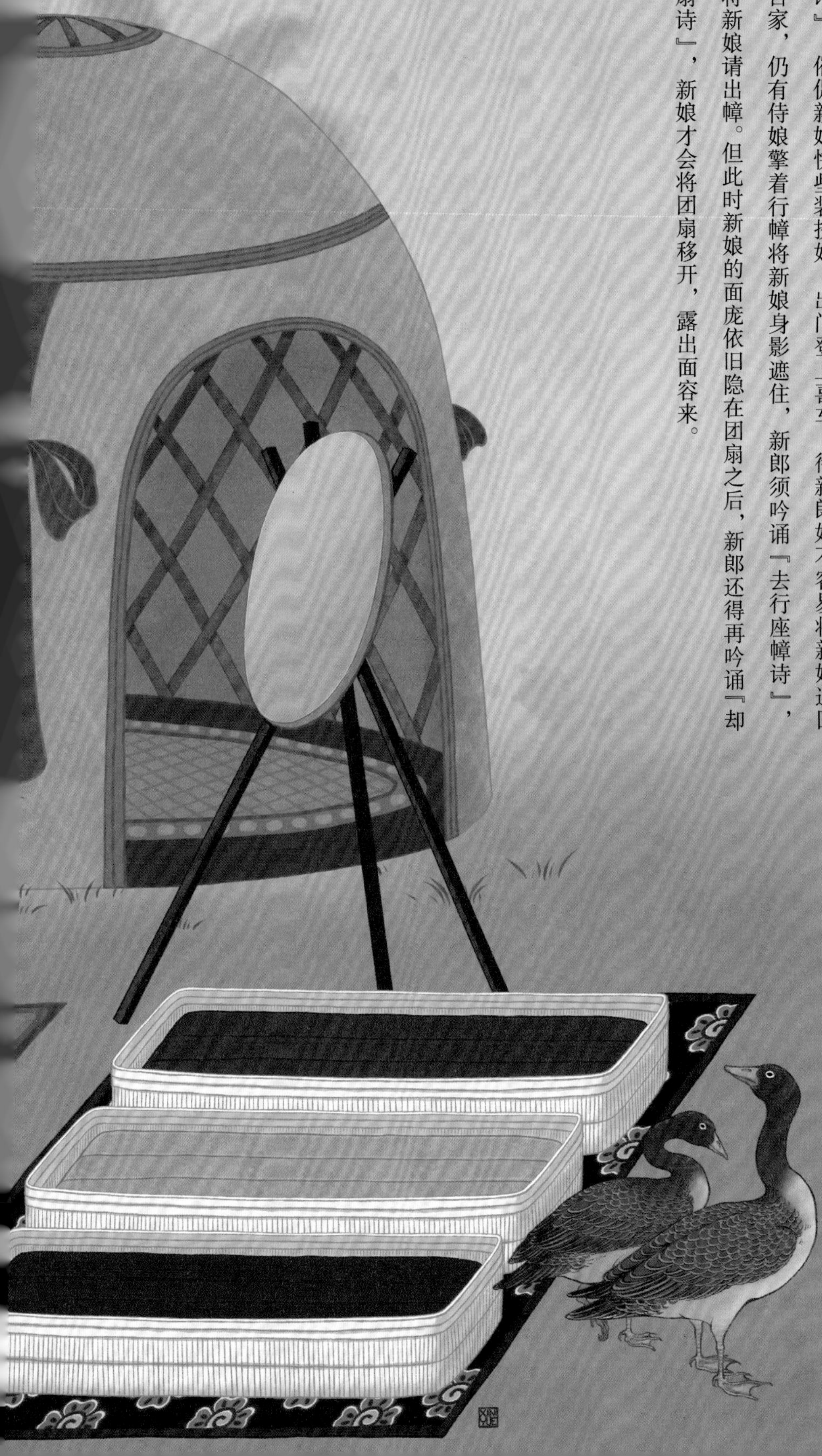

作为三元之首的上元节，是唐代最重要的节日之一，上元燃灯的习俗也让长安变成一座不夜城。仅次于长安，敦煌一年一度的燃灯仪式也非常隆重。正月十五日当天，成百上千座树形灯轮被点燃，全城民众一同会聚于莫高窟，焚香设供，燃灯祈福。不同于长安，敦煌的燃灯活动既有法会的庄严肃穆氛围，也有全民同乐的喜庆欢愉气氛。

男装与胡服

幞头宫人

在大唐，女性着男装可能起源于宫廷中的侍女。

在宫廷中，『袍裤宫人』与『裹头内人』都是执杂役的宫女，日常劳作中为了方便行动，上着简便的圆领袍搭配幞头，下着长裤，便成为她们不错的选择。有时，爱美的宫人也以一种折中的态度混搭穿着，在妆容和发型方面凸显女性特征，穿着彩色条纹裤，挽起的裤口下露出精致的线鞋或锦靴。

侍女便装·其二

大唐女子着男装纵马驰骋的英姿也是这个辉煌王朝的一个标志性符号。但其实在风气相对保守的唐初，身份贵重的女性并不十分青睐男装。

在一场高宗举行的家宴上，爱女太平公主着一身男士紫衫出场，头戴皂罗幞头，腰系玉带，佩『蹀躞七事』①。这一装扮引得帝后发笑，便问公主为何如此打扮。原来，这是公主想借机求赐驸马，祈请帝后将这套装扮赐给她心仪的郎君。因此，太平公主也开启了贵族女性穿着男装的时尚潮流。

① 蹀躞七事：蹀躞带上悬挂的佩刀、刀子、砺石、契苾真、哕厥、针筒、火石。

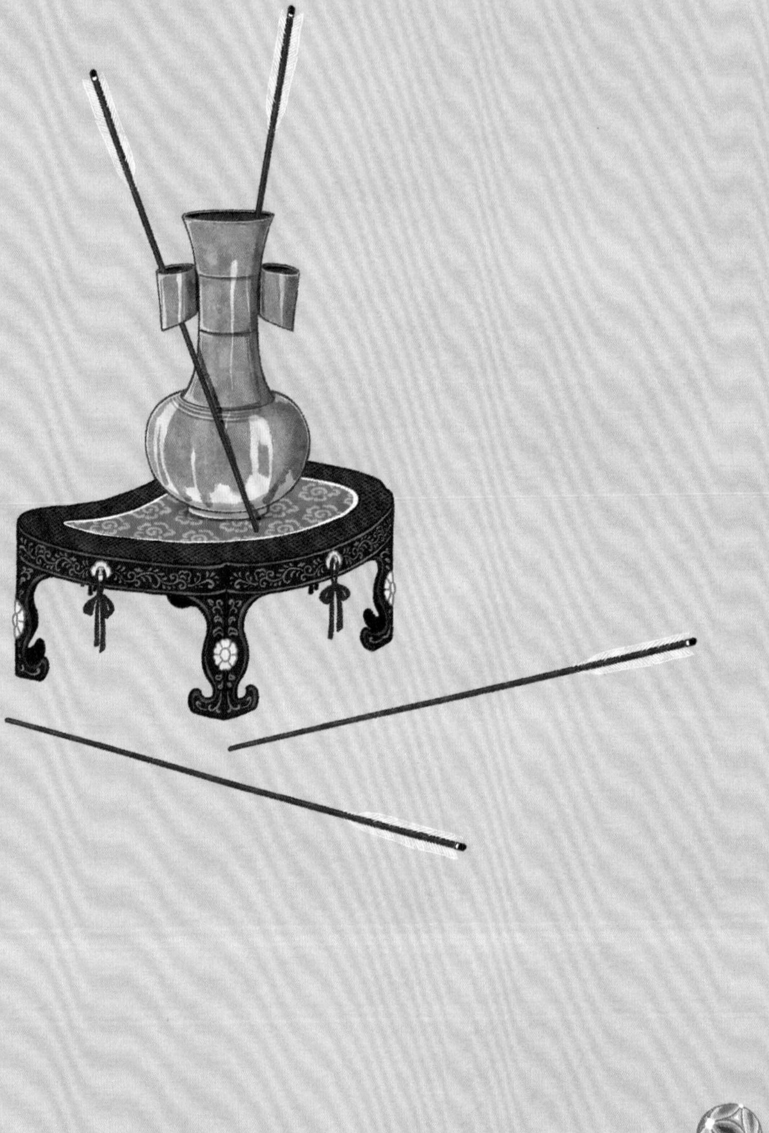

女主称帝，大唐女性的地位也随之大幅提升。贵族女子时常能参与一些原只属男子的娱乐活动，如出游、骑射、狩猎、打马球等。这些活动大多要求着装简便，易于活动，着男装便成为女子的不二之选。除了使用色彩艳丽的衣料，如同男子一样褪下一半袍袖，露出袍下华丽半臂的穿法，也为红颜增添了大唐特有的英武之气。

梳妆

击鞠

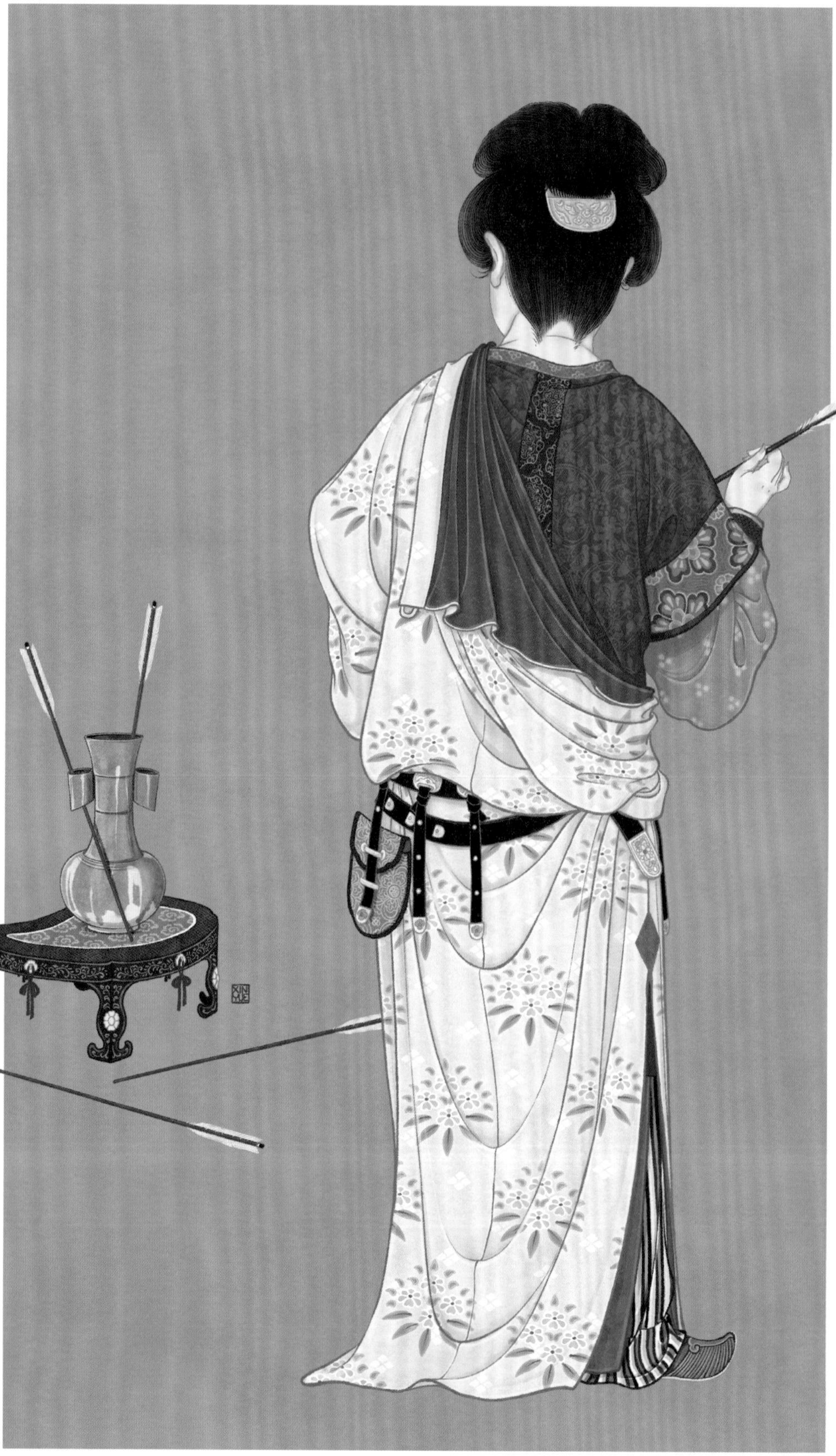

投壶

赏雪

自初唐起，『胡风』作为一种潮流在大唐蔓延开来。着胡袍、戴胡帽，这种风尚在盛唐时被推到极致。翻领窄袖的胡服、尖顶卷檐的胡帽，也受到大唐时髦女子的喜爱。她们用华丽的锦绣织物制作衣帽，帽上或装饰珠宝，或以毛皮镶边，充满异域风情。

安史之乱后，因社会动荡而变得敏感脆弱的中原人将穿胡服、戴胡帽视作『服妖』，便渐渐摒弃它们，不再穿用了。

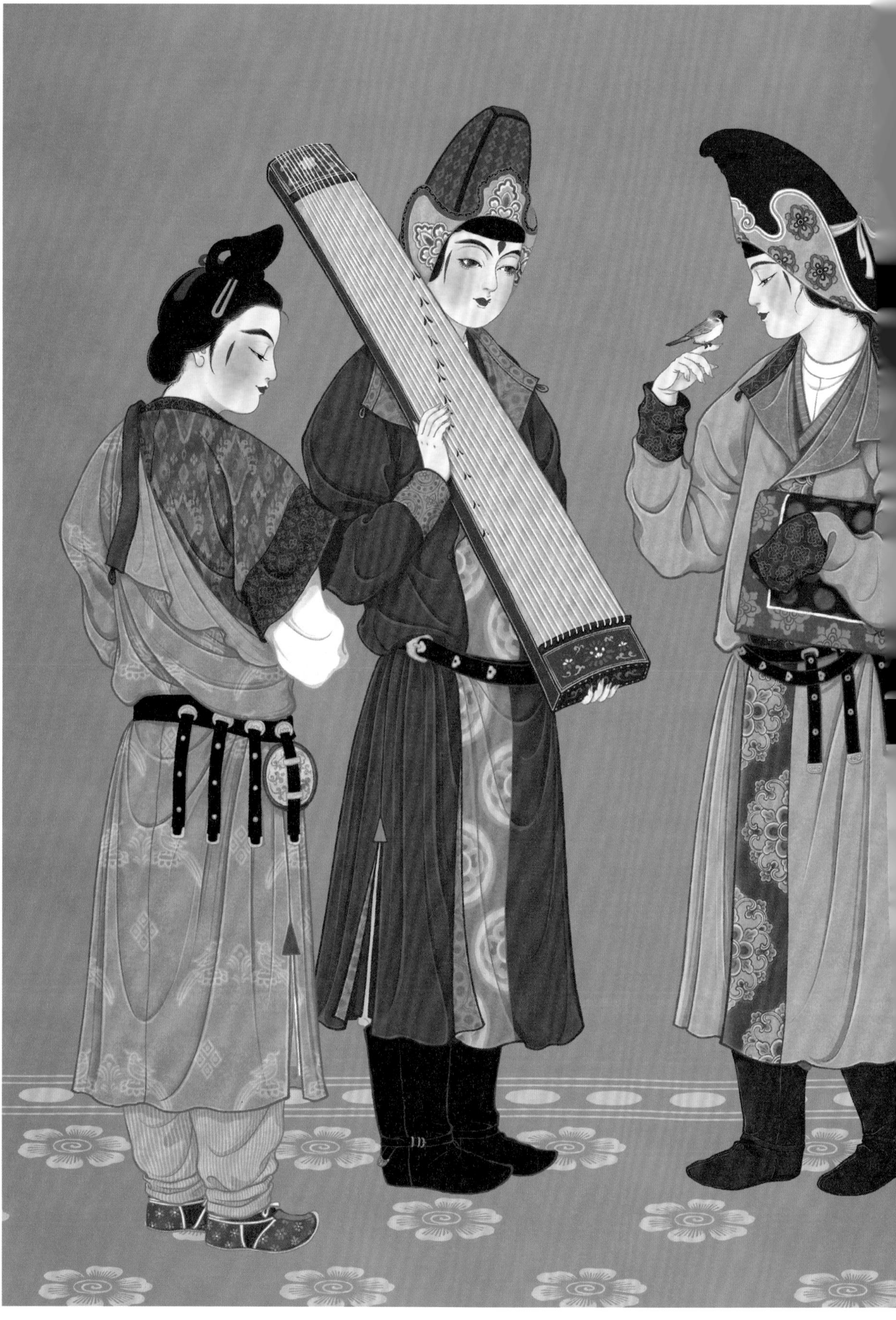

胡风盛行·其二

南北朝时期，粟特商人使用的拜占庭金币和波斯萨珊朝银币随着丝绸之路上的贸易繁荣大量流入中原。到了隋唐时期，这些压印着王像与铭文的钱币似乎不仅被用于商业贸易中，在西安发现的隋朝李静训墓和在太原金胜村发现的唐墓等墓葬中，都有边缘打有小孔的金银钱币。学者推测，打孔后的钱币可能曾被缝在衣服或帽子上作为装饰品，或用线穿成佩饰。

金银钱币

骆驼商队

公元七世纪至八世纪，大唐可谓欧亚大陆上最显赫的王朝。丝绸之路上，骆驼商队络绎不绝。大唐国内织造的丝绸是胡商往来贩运的重要商品，同时大量来自异域的奇珍异宝也由驼队源源不断地运入长安，商人们带来的珠宝、香料、染料等也是大唐女子时尚饰物的重要组成部分。

回鹘，又称回纥，是长期与唐共存的西北游牧民族。《旧唐书·回纥传》记载，回鹘上层女性的衣装『通裾大襦，皆茜色，金饰冠如角前指』。从敦煌壁画中的回鹘女供养人来看，头戴缀满宝石的桃形金冠，身穿翻领窄袖长袍，衣领与袖端都有繁复的金绣纹饰，是她们的衣装特色。大唐与回鹘间的贸易往来频繁，盛唐以后，几位大唐的公主也远嫁回鹘可汗，因此回鹘女子的时尚偶尔也会反向影响中原。

回鹘公主

除了悠闲的贵族女性，平日里需要劳作的大唐民间女子也紧跟时尚潮流，梳头也用时兴的发髻式样。晚唐时，从吐蕃传来的『瑟瑟花髻』搭配半臂，干练可爱，是少女们劳作时的常见打扮。

大唐女子的生活娱乐图鉴

卷二

游

出行

初唐女子外出时，常佩戴『幂篱』。『幂』即『幕』，指帽上垂下的幕帘。『篱』指用竹条编成的帽子，缀帽檐一周的幕帘长垂，可遮蔽全身。幂篱起源于西北边地，最初作为防风沙和遮阳的实用工具，男女皆可使用。北朝时期，幂篱传入中原，逐渐演变为专供女子外出使用的饰品。起初，垂下的幕帘几乎是不透明的，可以将身形完全掩蔽其中。

幂篱帷帽·其一

麟德二年娘子游春
XIN YUE

随着唐代社会风气的逐步开放，幂篱也渐渐发生了变化，垂幕变作薄透的轻纱，长度也不断缩短。高宗时期，纱幕浅垂只到颈部的『帷帽』广泛流行，女子戴这种帽子出行，曾一度被朝廷视作伤风败俗、轻率失礼的行为。朝廷甚至下令严禁此行。但随着女主时代的到来，约束女性行为的禁令早已形同虚设，花样百出的帷帽早已成为大唐女子的又一件时尚单品。花颜于幕后时隐时现，别有风情。更有甚者直接去掉纱幕，以纱巾裹头后戴笠帽出行。

幂篱帷帽·其二

皂罗风帽

笠帽娘子

帷帽在中宗朝几乎已被弃用。玄宗开元初年，骑马出游的女子只戴风帽，面部不加任何遮蔽，敢于大胆地以靓妆露面，『桃花马上石榴裙』便是诗人对此情景的赞美。

盛唐时，在『靓妆露髻』出行风气的流行下，大唐女子更是开始了一场场骑在马上的时装秀，杨贵妃的姊妹便是其中的佼佼者。天宝年间，玄宗驾幸华清宫，贵妃姊妹就曾『竞购名马，以黄金为衔笼，组绣为障泥』。一时间，品种珍异的马匹、精巧贵重的马具也成为贵妇人间相互攀比的工具。

长檐牛车

除了骡马、肩舆、步辇，牲畜拉的车也是唐代上流社会的女子出行时爱用的代步工具，其中以牛拉的『犊车』最为流行。牛车代步的流行源于南朝，江南一带牛多马少，马匹多作为贵重的战争物资使用，耕牛便替代马匹用来驾车。牛车的速度较马车虽慢，但也更为平稳舒适，因此贵族也多爱用牛车，并将其使用纳入礼仪制度中。

这类牛车的结构为大轮长辕、低栏车舆，乘坐者从车厢后部上下。其内部宽敞舒适，外部涂装华丽，车顶特意制作成出檐的卷篷，因此也被称作『长檐牛车』。车顶与两侧有撑杆，用于挂起幔帐，可变作『施幰牛车』。

寒冷时节出行，大唐女子的御寒好物也多种多样。

『包髻』：为了应对西北地区多风沙的环境，她们将发髻绾好后，再将各色绢帛包裹于发髻上，兼具防尘与美观之效。

『耳衣』：用布料或皮革制成的圆形耳套，挂在耳上，外围用皮草装饰，耳套上垂下的飘带在下颌处系结，可让耳套更贴合皮肤，阻挡寒风的侵袭。

保暖之衣·其一

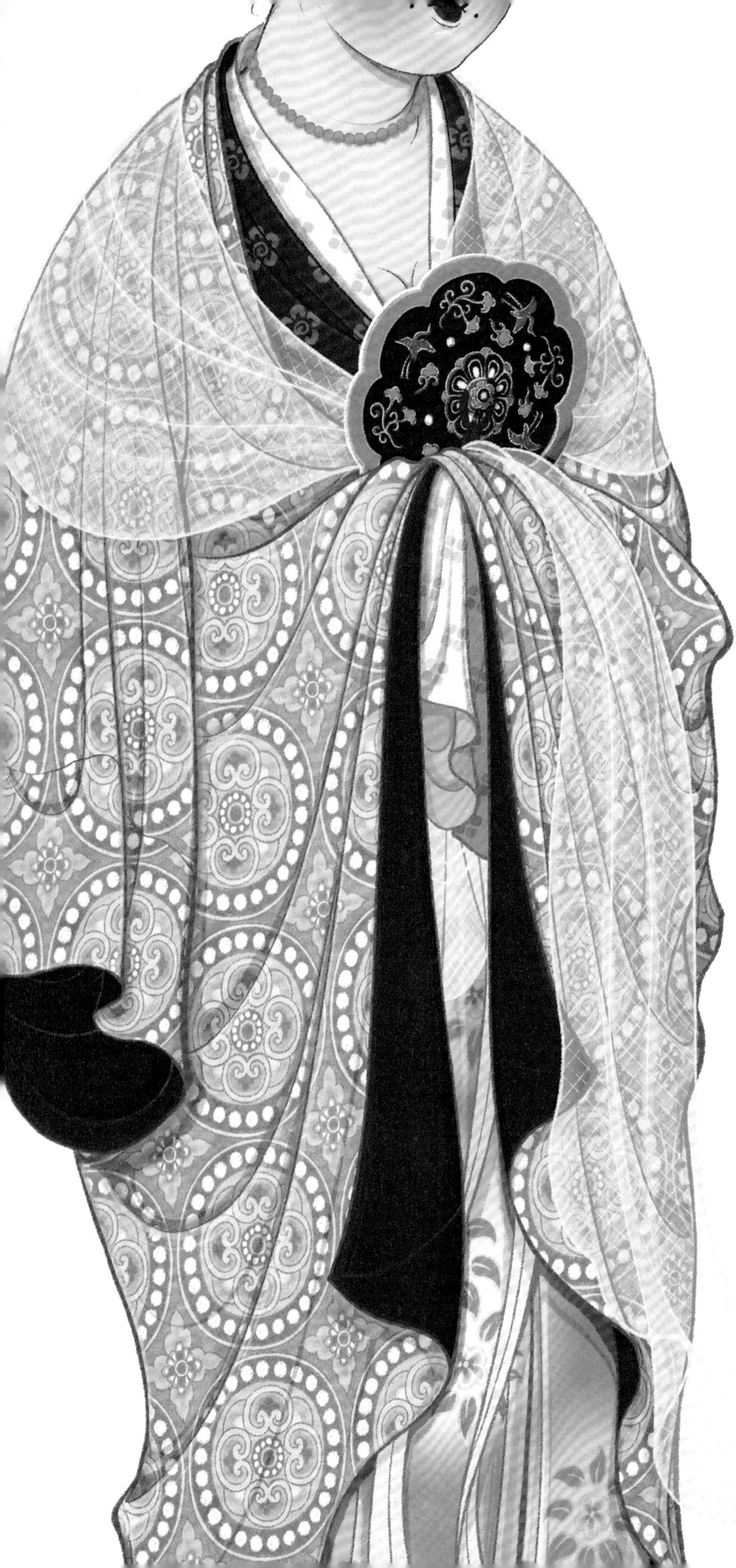

瑟瑟风中，爱美的唐代女子会在飘逸的衣裙外，将厚实的织锦圆领袍松松地披垂在肩上，前襟敞开，不拢衣袖，保暖且时尚。这类外套被称为『披袍』或『暖子』。传说，唐朝皇室内库中曾藏有两件以金锦裁制的奢华暖子，正是唐玄宗与杨贵妃驾幸骊山温泉时所穿。

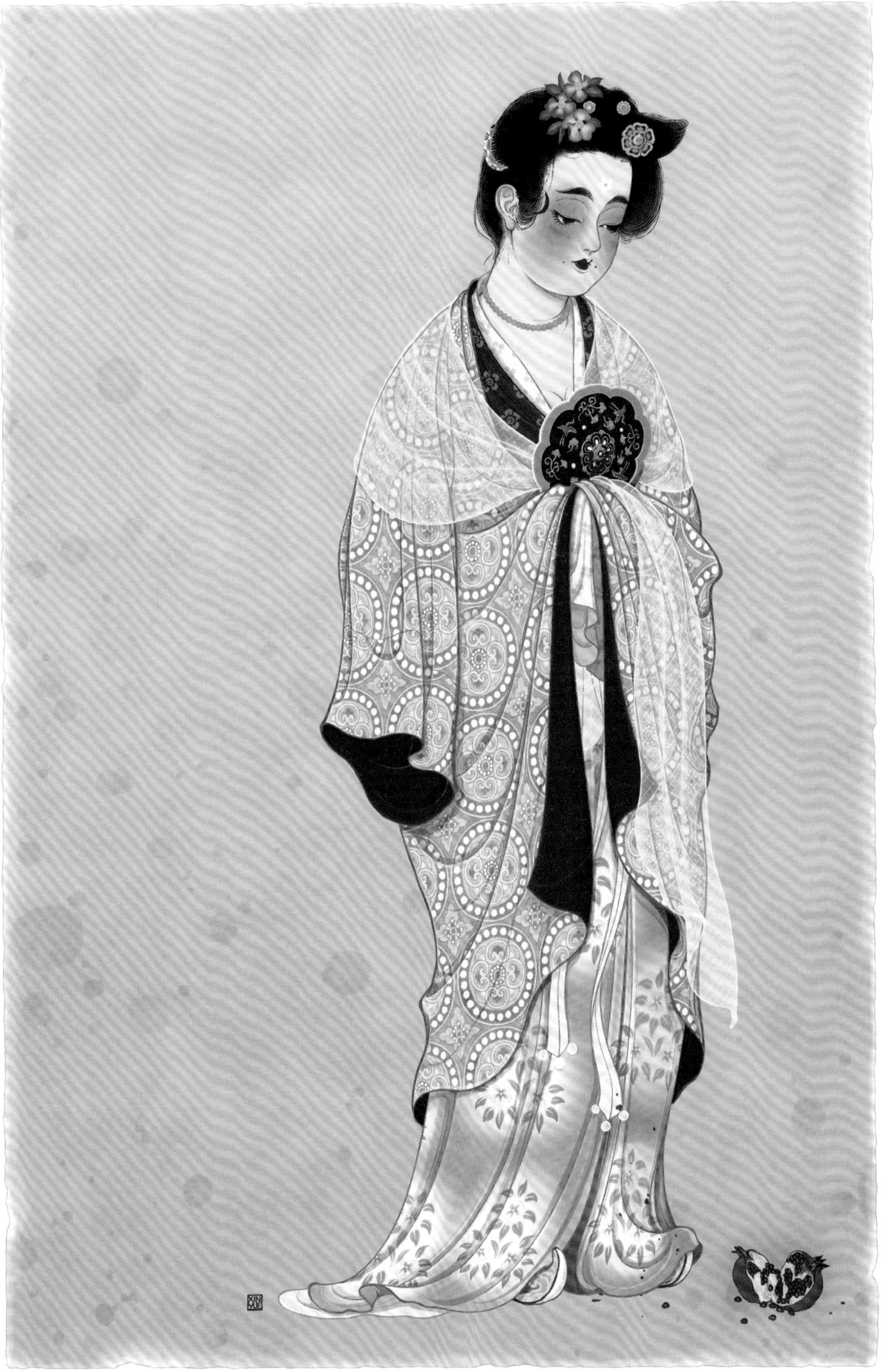

保暖之衣·其二

游乐

狩猎是唐代贵族热爱的一项群体活动，被视为品格高尚勇敢的象征，贵族妇女也常参与其中。英姿飒爽的娘子身着男装，带上爱犬或猞猁，策马张弓，猎鹿而归。她们的射猎技术丝毫不逊于男子，就连面见君王也如同行男子一般行礼。

狩猎

胡人猎师，多是随着外邦进贡的助猎动物一并被送来的『贡人』，或是为谋生而从关外移民入唐的『蕃口』。狩猎场上的胡人女猎师也是一道亮丽的风景，她们作为陪侍狩猎的随从跟在贵妇人身后，可架鹰，会驯犬。更有厉害的女猎师可以驯豹子，用以辅助狩猎。猎师们专业高超的训练技艺也将唐代贵族的狩猎之风推向兴盛。

XIN YUE

唐代之前，斗鸡仅流行于宫廷皇室与贵族之间，而唐人对斗鸡的狂热，则使这一娱乐活动在社会各个阶层中流行。唐代的斗鸡活动从清明节开始，一直持续到夏至，上至天子，下到庶民，都爱斗鸡。被后人戏称为『斗鸡皇帝』的玄宗甚至专门设立了养斗鸡的『鸡坊』，常与后宫妃嫔举行『斗鸡盛宴』。平日里，宫中女子也乐意借斗鸡开一场赌局，以打发闲暇寂寞的时光。

XIN YUE

秋千，唐时多写作『鞦韆』，是双手揪着皮革绳索迁移的活动，在唐代宫廷中亦被称作『半仙戏』。相传此名为玄宗所取，五代王仁裕曾在其笔记《开元天宝遗事》中记载：『天宝宫中，至寒食节，竞竖秋千，令宫嫔辈戏笑以为宴乐。帝呼为半仙之戏，都中士民因而呼之。』据此想象，杨贵妃也曾靓妆美服，高高立于秋千架上，她的衣襟随秋千摆动，摇曳风中，此情此景被玄宗看在眼里。杨贵妃正如仙子临凡一般，亦真亦幻。

唐人所说的『棋』或『棋局』，狭义上指围棋，是一种传统的双人对战策略游戏。围棋在唐代的对外文化交往中得到大力发展，随后传入日本。

在唐代，下围棋受到女性的喜爱，新疆曾出土唐代绢画《弈棋仕女图》，通过图中描绘的女子下棋的生活场景，可见当时女子弈棋之风的流行。后宫中，还设有负责教宫人下棋的『棋博士』之职，围棋也成为后妃宫人排解寂寞的重要娱乐工具，常被诗人美称为『宫棋』。

弈棋

XIN YUE

唐代双陆是一种类似赌博的棋类游戏，也有『握槊』『长行』『双六』等名称，是以印度传入的婆罗塞戏为基础改造而来的。双陆棋子黑白各十五枚，两人相博，掷骰子按点行棋。

双陆在唐代风靡一时，就连武则天也十分爱玩。唐代李肇所著《唐国史补》中记载，武则天梦见与大罗天女打双陆，但频频输给天女，不能取胜，便召来臣下询问缘故。狄仁杰借机以双关语劝谏道：『双陆不胜，无子也。』武则天听出其言外之意，这才将被贬斥为庐陵王的李显召回，重新立为太子。

打马球又称『击鞠』，学者普遍认为马球的历史可追溯到公元前600年左右的波斯，随后传入亚洲多国。马球大如拳，用木料制成，内部挖空，外有涂色或其他装饰。球杖长数尺，击球一端形如弯月，故名『月杖』。击球者手执球杖，在封闭的场地内骑马奔驰，以杖击球。竞赛时，赛场上立起球门，两支队伍在限定时间内击球入门次数多的一方得胜。

打马球在唐朝贵族中风行，却并不只是男子的专属运动。端午前后，贵族女子便常组织马球竞赛。不爱在马上激烈对抗的女子也可选择徒步击球的玩法，被称为『步打』。

打马球

在唐代，端午时节『斗百草』的游戏是女性与儿童的最爱。斗百草分为『武斗』与『文斗』。儿童常爱玩『武斗』，即双方各持花草茎互套，拉扯角力，花草茎先断者输；而女子更爱『文斗』，以采集的花卉品种多少来定胜负。李白在《清平乐》中道：『禁庭春昼，莺羽披新绣。百草巧求花下斗，只赌珠玑满斗。』可见斗草之戏在后宫女子中也颇受欢迎。

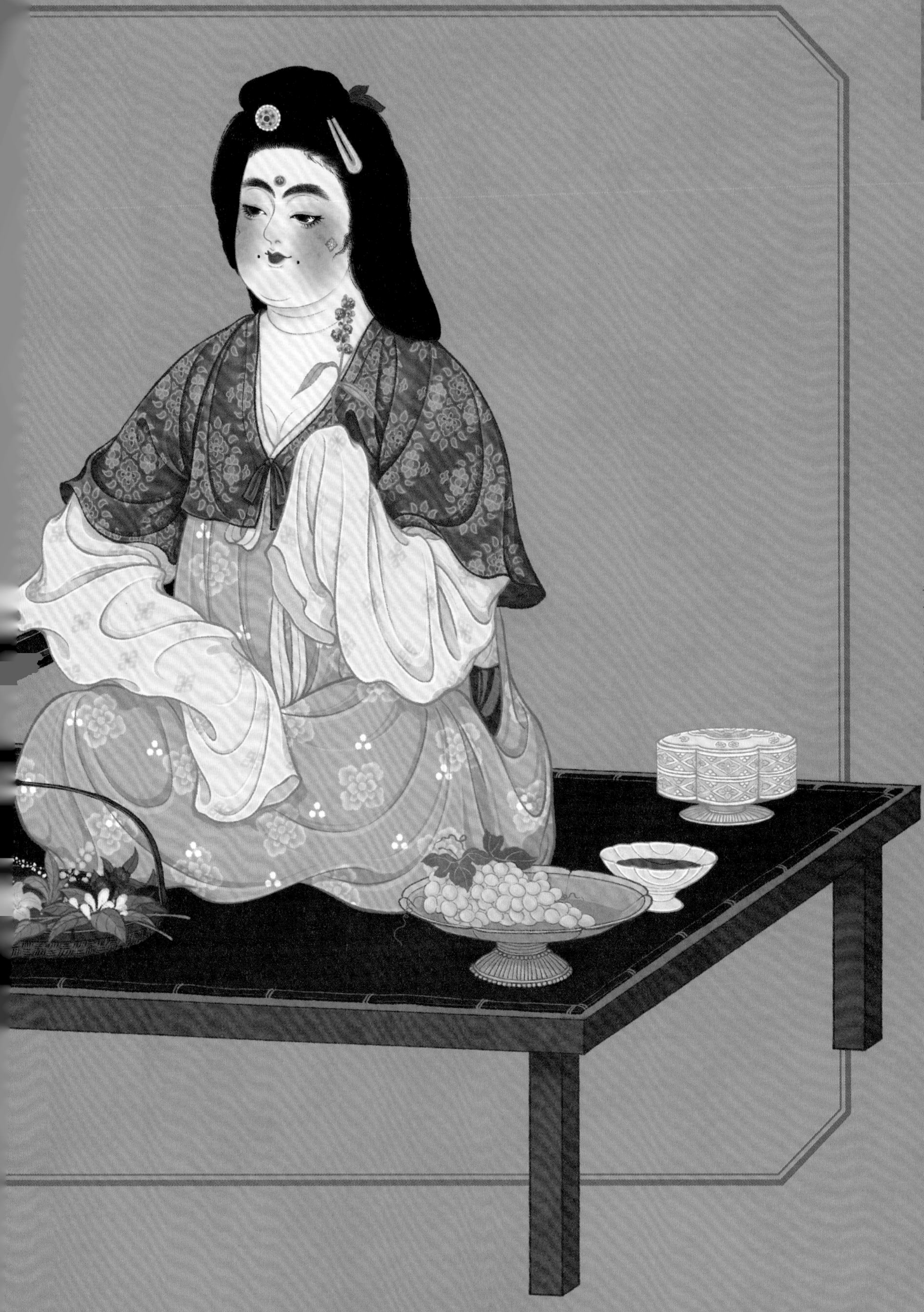

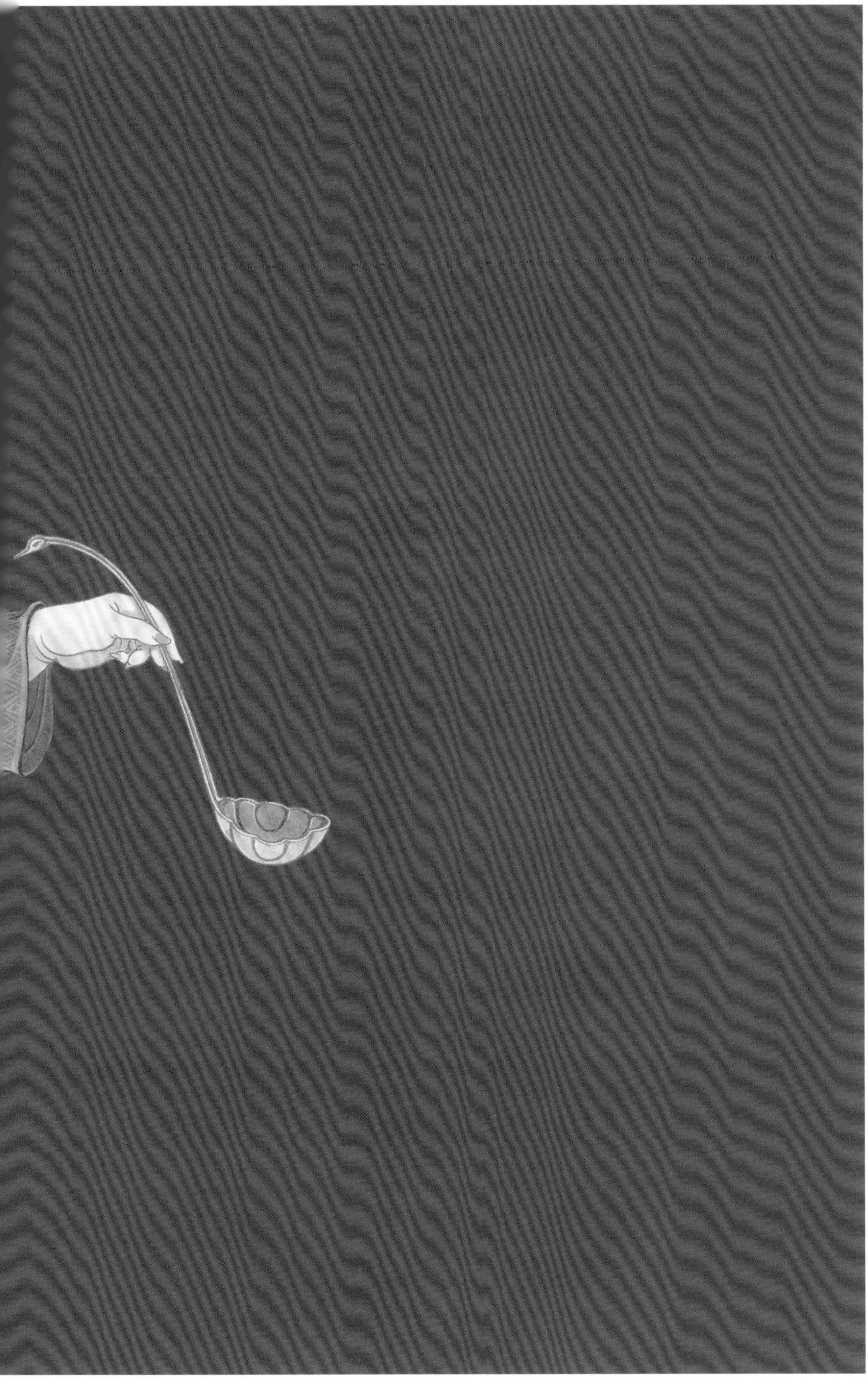

饮馔

唐人的『馃子』，类似如今的点心，而唐人所说的『点心』，则更像是一个动词，有在吃正餐以前垫垫肚子充饥的意思。出自大唐女子巧手的馃子多为面食，造型五花八门，蒸、烤、煮、炸皆有。除了充饥，馃子也可作为宴会正餐上的增色点缀。保留至今的一张唐朝『烧尾宴』[1]食单中，就有不少精巧的饼点、小食名目。在唐代，每到岁时节庆，也有制作应节馃子的风俗，如二月二的迎富贵馃子、七月七的乞巧馃子等。

① 烧尾宴：古代名宴，专指为士子登科或官位升迁而举行的宴会，盛行于唐代，是中国欢庆宴的典型代表之一。

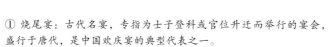

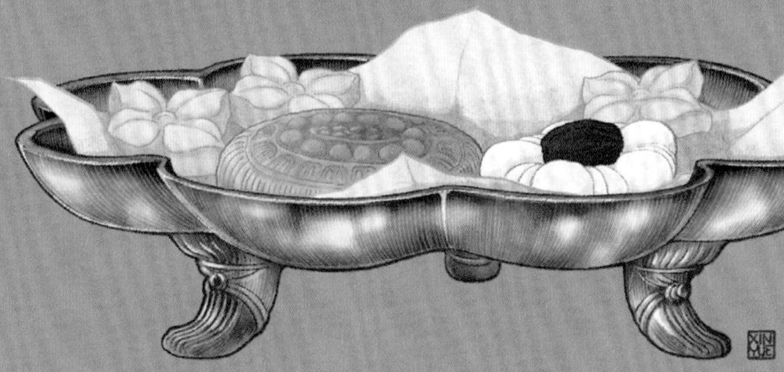
XIN
YUE

XIN
YUE

初唐前期，大唐的西域葡萄多来源于丝绸之路的贸易所得，是稀罕的宝贝。太宗平定东突厥后，高昌特产马乳葡萄被引入中原，钟爱饮用葡萄酒的太宗也亲自参与种植葡萄与酿酒的工作，酒酿成后赐予群臣品尝。从此，芳香酷烈的葡萄美酒从宫廷中传入民间。长安酒肆遍地，其中卖酒的侍者多为胡人女子，故称『胡姬酒肆』。

柿子是一种古老的植物，有人认为其原产于我国西南地区。长沙马王堆汉墓中曾发现柿核，证明了早在汉代，柿子已被栽培与食用。柿子从树到果都被唐人所喜爱，段成式在《酉阳杂俎》中曾大赞柿树有七绝：『一寿，二多阴，三无鸟巢，四无虫，五霜叶可玩，六嘉实，七落叶肥大。』霜降后，长安郊外的柿子树上果实红如火球，市集上新摘下的柿子刚刚码放好，喜甜的姑娘们自然不会错过。

XIN YUE

石榴，或称『安石榴』『丹若』，相传西汉时由张骞从安息国引入中原。

唐朝人爱赏石榴花，喜食石榴果。石榴花红艳，常被用于形容女子的红裙；石榴果饱满多子，自然也具有吉祥的寓意。玄宗为讨喜爱石榴花的杨贵妃的欢心，曾在华清宫等地遍种石榴，待到花开之际，便将宴席摆在炽热火红的石榴花丛中，与爱妃欢饮。

石榴

XIN
YUE

荔枝本产自岭南，却令北方都城的贵族男女为之痴狂。杜牧的一句『一骑红尘妃子笑，无人知是荔枝来』让世人将大唐的荔枝与杨贵妃紧紧联系起来。都说荔枝『若离本枝，一日而色变，二日而香变，三日而味变，四五日外，色香味尽去矣』，而倍受玄宗宠爱的杨贵妃却常能吃到色味不变的鲜荔枝，这皆得益于玄宗为她修建的一条横跨千里的专用『荔枝道』。也许正因杨贵妃嗜甜，爱吃荔枝，她患有蛀牙的事也在民间流传开来。

春日，粉白的樱桃花盛开，构成春日盛景，在大唐才子的诗句中被反复吟诵。初夏，第一批成熟的樱桃果实被皇帝赐予近臣尝鲜。庆贺进士及第的『曲江宴』正摆在樱桃成熟的季节，宴席上必定摆放当季的樱桃，因此又名『樱桃宴』。段成式在《酉阳杂俎·酒食》中记录『韩约能作樱桃饆饠，其色不变』的秘技，想必也时刻挑动着唐人的味蕾。

『酥』是一种乳制品，由北方游牧民族传入中原。炎炎夏日，侍女们将酥加热至融化，拌入蜂蜜或蔗浆。冷却后，半凝固的酥在盘中层层滴淋成山峦的形状，最后放入冰窖冷藏定形，变成一座座晶莹如雪、巍峨多姿的『酥山』。取出食用前，在『山』上插满花草装饰，以求达成视觉与味觉的双重享受。在唐代，夏日存冰必定不是普通人能做到的，享用酥山自然也是皇亲贵胄的特权。

周成王时期，御膳中已有螃蟹，称为『胥』，是一种把蟹捣烂后加盐和酒腌渍而成的蟹酱。随着烹饪技术的发展，产自江南水泽的优质成蟹作为贡品被摆上了隋唐皇室的餐桌，成为皇室贵族钟爱的美味。霜降前后，螃蟹成熟，肉厚膏肥，配上美酒与菊花，重阳节的宫宴就准备妥当了。登高远眺的中宗李显曾为诗作序云：『陶潜盈把，既浮九酝之欢；毕卓持螯，须尽一生之兴。』

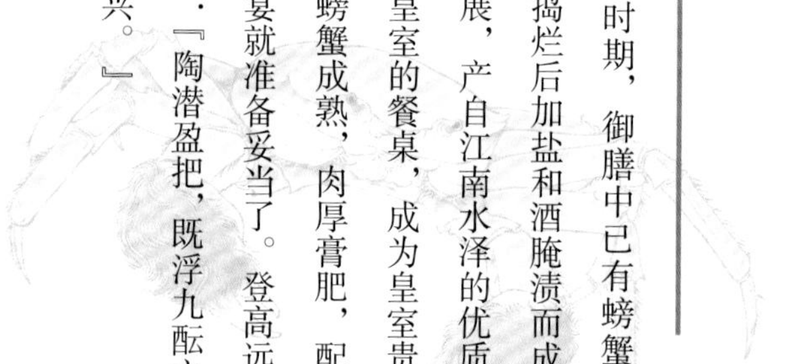

螃蟹

使用茶碾将茶砖碾成粉末，与适量的盐、姜、葱等作料一同放入茶锅中煮开，这是唐代主流的饮茶方式。

人们常把唐代饮茶文化的兴盛与佛教禅宗的发展联系在一起。僧人过午不食，闭目静思又极易犯困，因此坐禅时唯独允许饮茶，能起到提神醒脑的作用。唐中期以后，伴随着佛教的发展，人们也开始效仿僧人煮饮茶叶，饮茶渐渐成为一种日常习惯。唐代茶学家陆羽所著《茶经》，从茶的起源、采摘、制作、煎煮方法、使用器具、饮用方式等多方面细化了唐代的饮茶文化，备受后世推崇。

煎茶

乐舞

唐朝的宫廷乐舞分为坐部伎与立部伎两大类，合称『二部伎』，每部均由乐工与舞伎组成。据《新唐书·礼乐志》记载，堂上坐奏者称为坐部伎，堂下立奏者称为立部伎。其中坐部伎在室内堂上演出，规模较小，表演的舞曲优雅典丽，而立部伎则在堂下或室外表演场面宏大的舞蹈杂技。二部表演的曲目较为固定，大多是经历了太宗、高宗、武则天、玄宗四朝的保留曲目。

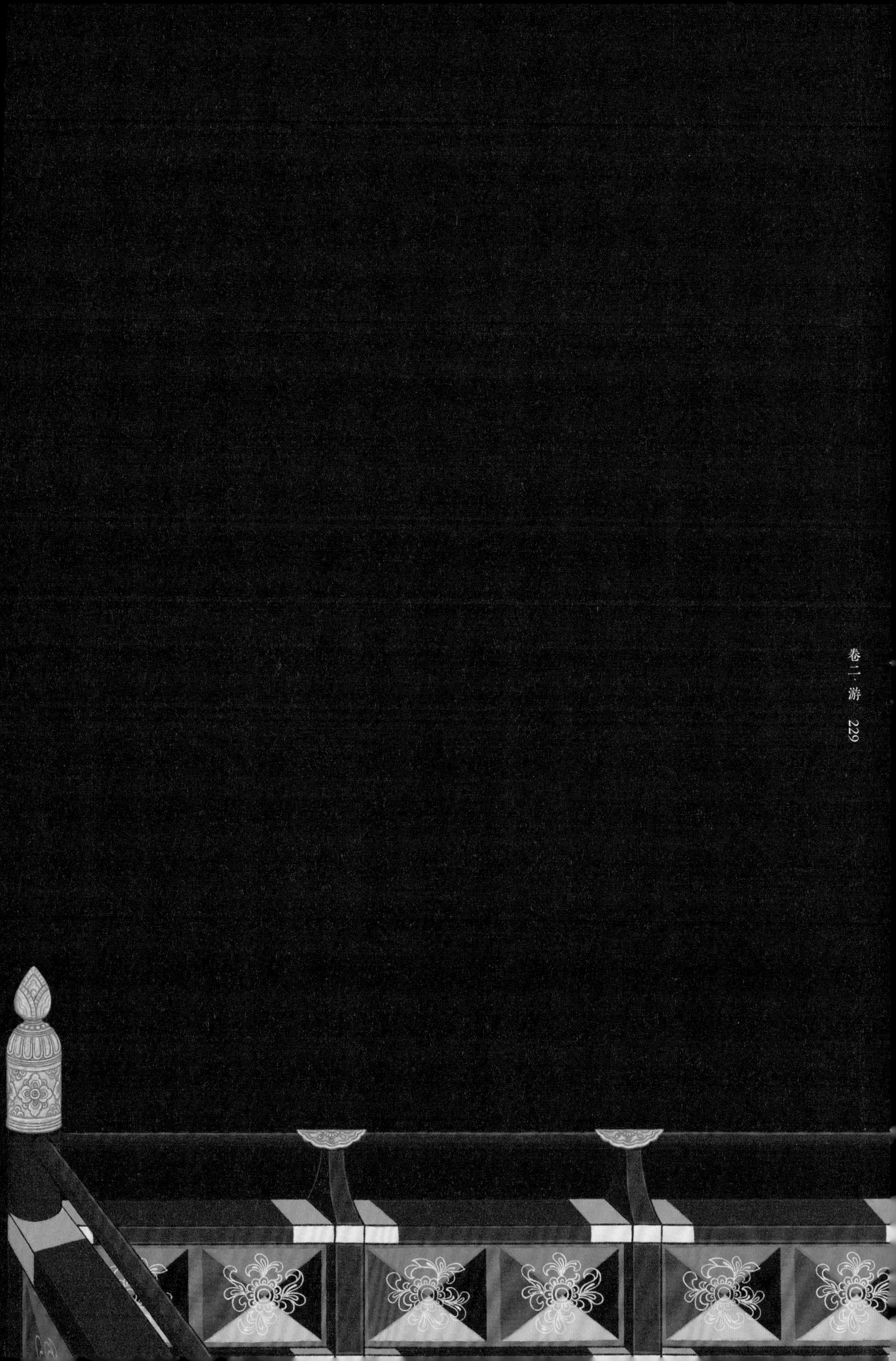

据《旧唐书・音乐志》记载，坐部伎的保留乐曲之一《鸟歌万岁乐》为女皇所作。武则天因宫中饲养的八哥能说人言，且时常说『万岁』，便以此为灵感作此曲。表演时，舞伎三人会戴着鸟形的头冠，随着音乐模拟不同鸟类的动作翩翩起舞。后来，玄宗所作立部伎《光圣乐》中的八十名舞者也会戴鸟冠表演。

位于大唐都城长安的梨园，原本是皇家禁苑中的一所果木园，常作为贵族宴饮游乐的场所。《新唐书·礼乐志》记载：『玄宗既知音律，又酷爱法曲，选坐部伎子弟三百人教于梨园，声有误者，帝必觉而正之，号「皇帝梨园弟子」。』从此，梨园成为专门训练宫廷乐伎的教坊。这也是戏曲班子别称『梨园』的起源。

《剑器》为舞曲名，舞者表演时持剑起舞，舞姿矫健，有刚烈之气。开元年间的舞伎公孙氏是大唐剑舞第一人，她舞的《西河》与《浑脱》在当时无人能及。暮年的杜甫曾在观看公孙大娘弟子的表演后，忆起年少时曾在郾城看过公孙大娘的剑舞，形容她起舞时如『雷霆收震怒』，收舞时如『江海凝清光』，飘逸流畅，节奏明朗，使观者震撼非常。

剑器舞

《霓裳羽衣曲》，又名《霓裳羽衣舞》。据《唐会要》记载，此曲由玄宗于天宝十三载（公元754年）根据印度《婆罗门曲》改编而来。传说全曲描述了玄宗梦游月宫偶遇仙女的奇幻故事。作为玄宗的得意之作，曲成后便常于宫中表演，由擅舞的杨贵妃为曲伴舞。

《霓裳羽衣曲》的曲谱毁于安史之乱中。南唐时期，后主李煜偶得残谱，与昭惠皇后和乐师曹生一同将其补缀成曲，于后宫演奏，却终难得原曲的意境。金陵城破时，曲谱也被李煜下令烧毁了。

XIN YUE

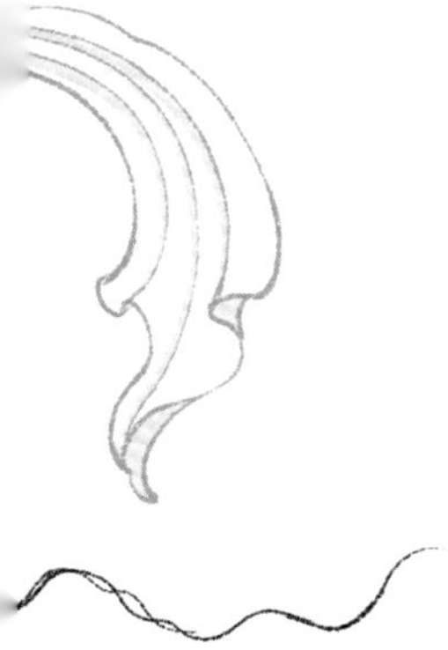

康国的胡旋舞、石国的胡腾舞与柘枝舞，是大唐广为流行的西域三大乐舞，也是外来乐舞文化与中原传统乐舞文化融合的体现。同为表演健舞，表演胡旋舞与柘枝舞的舞伎多为女子。胡旋舞的表演重点在飞速旋转，而柘枝舞的表演重点则在腰肢柔软，眼神妩媚动人。多为男子独舞的胡腾舞则强调蹬、踏、跳、腾，风格更加奔放豪迈。

阮，又名阮咸，是一种古老的中国传统拨弦乐器。唐代以前，此种乐器被称为『秦琵琶』或『秦汉子』。隋唐时期，龟兹的梨形曲项琵琶传入中原，并逐渐成为舞乐表演中使用的主要乐器，占用了『琵琶』这一名称。唐人便以西晋『竹林七贤』中擅长演奏阮这种乐器的阮咸的名字重新命名它。至此，大唐的琵琶与阮向着不同的方向发展。现今日本正仓院中仍保存着两面大唐东传的阮咸，一面是『紫檀螺钿阮咸』，一面是『桑木阮咸』。

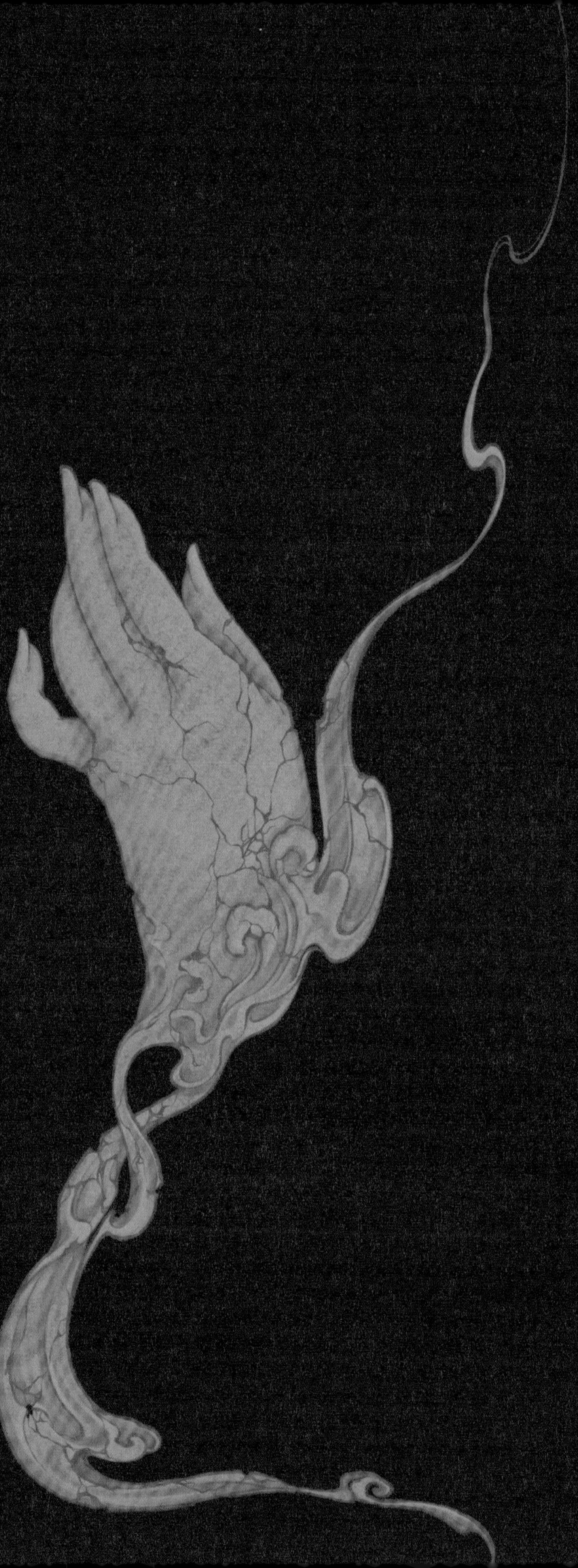

大唐女子的传奇故事图鉴

卷三

梦

女子在面上点缀花钿装饰的历史可追溯到春秋战国时期，并在唐代达到鼎盛。花钿在唐代发展出了或简或繁多种花样，其中以『梅花钿』的来源最为传奇。

宋代人编撰的《太平御览》中记载，梅花形状的花钿装饰的流行源于南朝宋武帝之女寿阳公主。初春时节，恰有一朵梅花飘落在熟睡的公主的额头上，印出五瓣花形，经三日才得以洗落，宫女们对此大感惊奇，争相仿效，『梅花钿』随即流行开来。

而另一个说法则与上官婉儿有关。唐人段成式在《酉阳杂俎》中记载，上官婉儿为了遮挡被女皇用甲刀刺中眉心留下的疤痕，用梅花钿贴额，才使得用花钿贴面装饰在大唐流行起来。

梅花钿

五代王仁裕所著《开元天宝遗事》中有一则《蜂蝶相随》的故事，传说都城长安有一位名姬楚莲香，国色无双，引得贵门公子争相求见。楚莲香每次出现，周身香气充溢，行动处引来蜂蝶相随。

女子如花，不憎蜂蝶之戏。开元末年，痛失武惠妃的玄宗倍感寂寞，随即发明了一个游戏，叫作『随蝶所幸』。每到春日，让宫宴上的嫔妃将艳丽芬芳的花朵插在髻上，皇帝亲手放出一只粉蝶，粉蝶停在谁头上，皇帝当晚就临幸谁。

倾国美人，总有香气随身。大唐女子对香无限热爱。香味，除了来自鲜花，也可以通过调配、焚烧珍稀的香料来获得，更有服食香料的极端做法。唐人苏鹗的《杜阳杂编》中记载，权相元载的宠姬薛瑶英因从小食用香料，身上常有一股奇香。

引蝶

大唐建国，李唐皇室自诩为老子后人，尊奉道教为国教。开元年间，唐代的道观中约有三分之一为女道观。也许为了追求自由，也许为了追求独立，许多贵族出身的女性选择成为女道士。大唐的世俗女子日常不戴冠，只有女道士戴莲花形头冠，因此女道士也被称作『女冠』。

天宝初年，玄宗看中了儿媳寿王妃杨氏，为避免世人议论，他以为母亲窦太后祈福为名，将杨氏度为宫中道观的女道士，赐道号『太真』。天宝四载（公元745年），为太后祈福的期限刚满，玄宗便迫不及待地将这位女道士封为了贵妃。

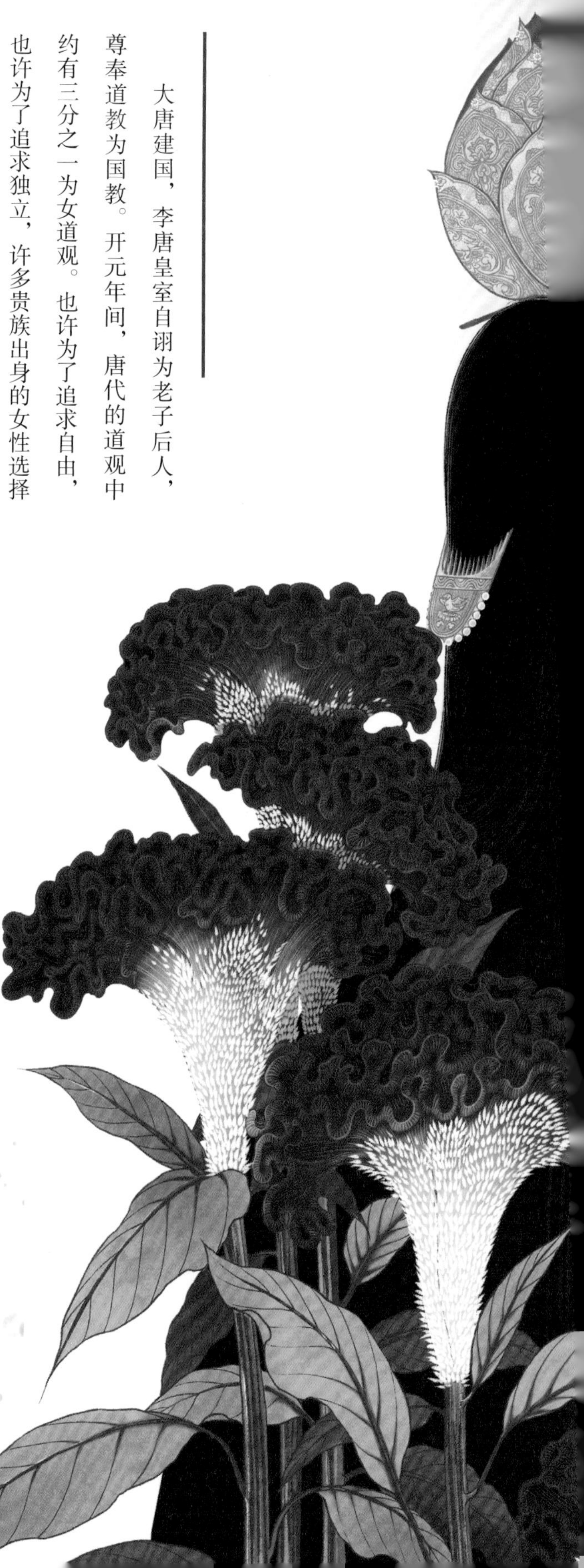

华清池

关于绝代佳人杨贵妃是如何被玄宗选中的，史书都以含糊的言辞一笔带过了。但唐人陈鸿所撰《长恨歌传》描述了杨贵妃从进入寿王府邸到入宫，最终缢死于马嵬坡的始末。将其与同时期的诗人白居易作的《长恨歌》一同赏析，更为这场流传千古的爱情悲剧增添了许多戏剧色彩。

据书中所写，骊山温泉宫便是玄宗与贵妃初见的地方，从此『六宫粉黛无颜色』。出浴的贵妃『体弱力微，若不任罗绮。光彩焕发，转动照人』。对贵妃宠爱至极的玄宗更将华清宫的『海棠汤』赐予贵妃专享。天宝后期，怠政的玄宗沉醉在奢靡的后宫生活中，就连安史之乱爆发时，他和贵妃仍在泡温泉。

《开元天宝遗事》中记载：『贵妃每至夏月，常衣轻绡，使侍儿交扇鼓风，犹不解其热。每有汗出，红腻而多香，或拭之于巾帕之上，其色如桃红也。』

体态丰腴的杨贵妃最怕炎炎夏日，侍女再卖力扇扇，混杂着胭脂与香气的红色汗水也仍然浸透了绢帕。贵妃的『酒晕妆』让其两颊绯红，似醉酒后泛起的红晕，汗水流过胭脂，也变成了桃红色。

后世流传一种名为『太真红玉膏』的化妆品，配方中以去皮的杏仁加滑石、轻粉等研作细末，蒸后混合少许龙脑、麝香，再用蛋清调匀成膏状，洗面后敷上，便有令面色红润，富有光泽，十日后面如红玉一般的神奇功效。

贵妃红汗

唐人爱香，其精湛的调香技术可使香气长久不散。《酉阳杂俎》中记载了一则与奇香有关的故事。

天宝末年，交趾国向大唐进贡了一种莹白如冰、形状像蝉或蚕的神奇香料『瑞龙脑』。香料生长于老龙脑树节上，极为珍稀。玄宗独赐杨贵妃十枚。熏过『瑞龙脑』，距离十余步，仍能闻见香气。

某年夏日，玄宗与亲王相约下棋，长安第一琵琶名手贺怀智受命在旁奏乐助兴，贵妃也从旁观战。眼看陛下要输了，机智的贵妃故意放开怀中小狗，小狗跳上棋盘，搅乱棋局，博得了玄宗的欢心。不料此时一阵风吹落了贵妃脖子上的披巾，落在贺怀智的幞头上，过了好一会儿才落下。贺怀智回到家中，仍觉满身香气非常，便将那顶被贵妃披巾上的香气拂过的幞头摘下，藏入锦囊之中。

转眼战乱起，贵妃魂断马嵬坡。辗转回京的玄宗退位成为太上皇，愈发思念已逝的佳人。这时贺怀智将当年收藏幞头的锦囊呈上，玄宗打开一看，便感伤落泪道：这是贵妃常用的瑞龙脑的香气啊！

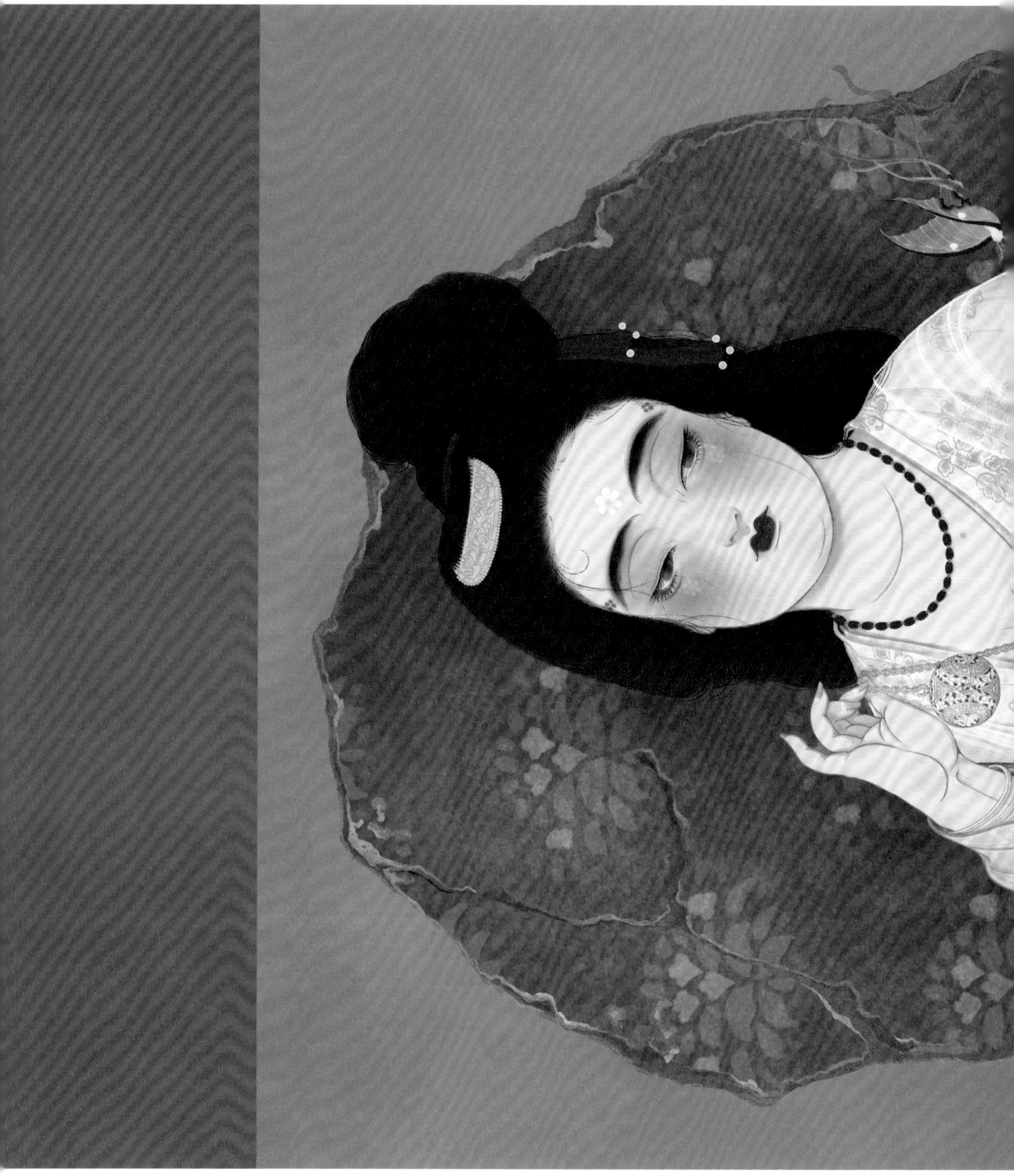

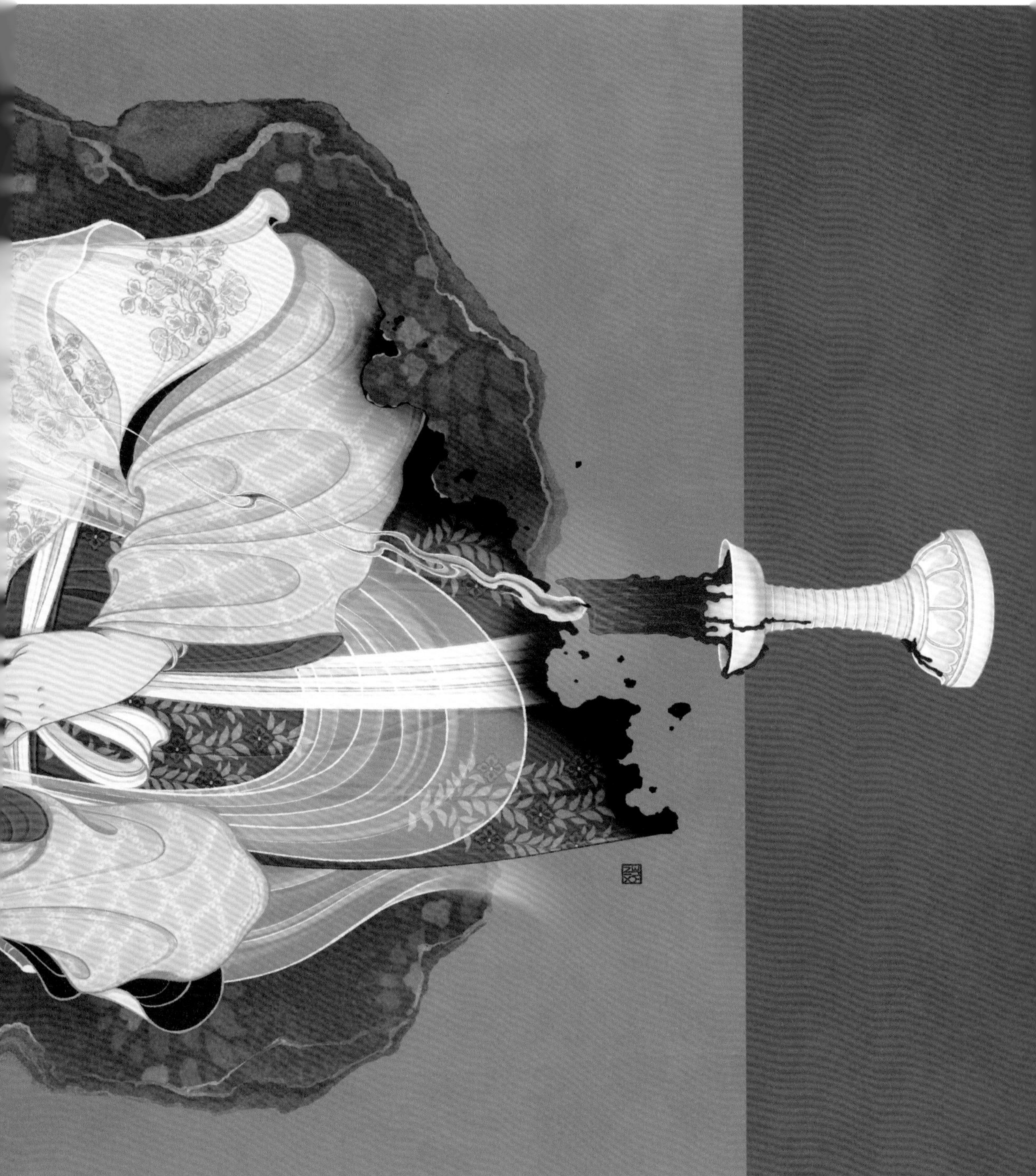

杨贵妃香消玉殒于马嵬驿，成了天子诿过的牺牲品，也将她与玄宗爱情悲剧的结局推向高潮。《旧唐书·杨贵妃传》中记载，安史之乱平定后，玄宗自蜀地重返长安，已成为太上皇的他仍念旧情，但唯恐群臣猜忌，只得秘密派人迁葬贵妃。派去的人挖开旧冢，只见『初瘗时，以紫褥裹之，肌肤已坏，而香囊仍在』。年迈的玄宗从高力士手中接过那枚曾见证他与贵妃旧日欢爱的香囊，感慨万千。

香囊作为贵妃的随身之物，具体是什么样子的呢？唐代僧人慧琳曾在《一切经音义》中记载：『案香囊者，烧香器物也。以铜、铁、金、银玲珑圆作，内有香囊，机关巧智，虽外纵横圆转，而内常平，能使不倾。妃后贵人之所用之也。』文中描写的香囊恰与1970年西安何家村出土的『葡萄花鸟纹银制香囊』造型一致，『机关巧智』便是指囊内与陀螺仪原理相同的半圆形香盂，晃动时重心保持向下，盂中香料便不易撒落出来。这枚香囊的发现也为现代人想象贵妃的形貌又添实证。

香囊仍在

『猧子』，正是前文提到的搅乱了玄宗棋局的小狗。杨贵妃养的猧子来自位于中亚的康国，形象如今人所说的『哈巴狗』。作为宠物，猧子也常被唐代女子当作亲密的闺中玩伴，与人感情深厚，所以关于猧子的传奇故事也有很多。

唐人牛僧孺撰写的《玄怪录》中便有一则猧子报恩的故事。洛州刺史卢顼的表姨卢夫人养的猧子名唤『花子』，夫人对其疼爱有加。不料有一天，花子走失并被人打死。几个月后，卢夫人也因过度悲伤而去世。来到冥界，夫人因得到一位美人相助，被判官赦免可不死。经美人自述，卢氏才知她是自己曾养的花子所化，现在是判官的妾室，如今特来向主人报恩，并求得判官为卢氏延寿，送她重返阳间。最后美人还告诉卢氏自己当年被打死的地点。死而复生的卢夫人立刻按美人所述寻得了爱犬的遗骨，用对待子女的礼仪厚葬了爱犬。事后，花子回到夫人的梦中向她表示了感谢。

猧子报恩

在唐代，铜镜的铸造工艺已登峰造极，唐镜造型多样，图案繁丽。美丽的镜子也让无数女子痴狂，《广异记》中便记载着这样一则故事。

天宝年间，新淦县丞韦栗的女儿正值豆蔻年华，她随父亲上任途中经过扬州，看中了集市上贩卖的一面漆背金花镜。韦栗因囊中羞涩，拒绝了女儿买镜子的要求，并答应女儿上任之后再想办法买给她。一年后，小女儿不幸去世，韦栗也忘记了买镜子的事。

韦栗任职期满后，带着女儿的灵柩返回北方家乡。途中，他再次经过扬州，将船停靠在河边。有位带着婢女的女子拿着钱去市集买镜子。路人见女子姿色艳丽，像出身富贵人家，争相要把镜子卖给她。最后女子从一位白净的二十多岁的少年手中，以五千铜钱买下了一面漆背金花镜，这面镜子的直径有一尺多。听到旁边有人说自己的镜子比他的好，只要三千钱，少年立即少收了两千钱，女子因此逗留片刻，与少年眉目传情。等女子离开后，少年便派人跟在女子身后探其住所。之后少年回到店里，发现手中的铜钱变成了三贯黄纸，便忙寻女子归处去理论，寻到的便是韦栗的船。

少年对韦栗说刚刚买镜子的女子回到了这艘船上，她给的钱变成了纸钱。韦栗说自己只有一个去世多年的女儿，又让少年形容那位女子的模样。听完少年的描述，韦栗夫妇立刻伤心落泪，那女子的模样正与女儿生前的样貌一样。随后他们领着少年入船查验，发现女儿灵前供奉的黄纸少了三贯。惊讶的众人开棺一看，那面漆背金花镜就在里面。被触动的少年决定不要钱了，又捐赠出一万钱为女子设斋，做法事。

唐代有位娘子，名唤柳枝，是洛阳商人之女。柳枝对容貌妆饰并不感兴趣，在音乐方面却颇有造诣，即使用一片树叶也能吹奏出动人的乐曲。可她年已十七却迟迟无人来下聘求娶。

有一日，柳枝因听见邻居李让山吟诵堂弟李商隐的《燕台诗》四首，心动不已，惊问：『谁人有此？谁能为是？』她截断衣带，托李让山赠予作诗之人，并求诗。隔日，柳枝便大胆地与诗人约定三日后在洛水边相见。但遗憾的是，因为同行的赶考友人捉弄李商隐，将他的行李带走，李商隐不得不提前离开洛阳，因而错过了与柳枝的约定。是年冬天，李商隐才从堂兄口中得知，柳枝已嫁他人。

虽然与柳枝无缘再见，但为其作诗的约定李商隐仍牢记于心，五首以『柳枝』命名的诗作一气呵成，记录下这一段微妙的情感。诗人将来不及宣泄的情感寄托在诗中，托付李让山把诗题写在柳枝故宅的墙壁之上。

柳枝

自佛教传入中国，女性出家就成为佛教发展的重要组成部分。在唐代，佛教的发展进入鼎盛期，影响力进一步扩大。皈依佛门的『比丘尼』身份各异，上至皇室宗亲，下到平民娼妓，几乎涵盖了各个社会阶层。

大唐皇宫中设有专门服务于皇室的『内道场』，在内道场中剃发出家的女性被称为『内尼』。皇室贵族中虽不乏自幼耳濡目染，主动选择出家的女子，但失宠的嫔妃、宫人仍成为内尼的主要组成部分。她们在豆蔻年华入宫，但绝大多数只能在人老色衰之际与青灯古佛为伴。其中，最为人熟知的内尼便是曾在感业寺出家的女皇武则天了。

附录

唐代年号对照表

年号	君主	庙号	起始年（公元）
武德	李渊	高祖	618 年
贞观	李世民	太宗	627 年
永徽	李治	高宗	650 年
显庆			656 年
龙朔			661 年
麟德			664 年
乾封			666 年
总章			668 年
咸亨			670 年
上元			674 年
仪凤			676 年
调露			679 年
永隆			680 年
开耀			681 年
永淳			682 年
弘道			683 年
嗣圣	李显	中宗	684 年
文明	李旦	睿宗	684 年
光宅			684 年
垂拱			685 年
永昌			689 年
载初			690 年
天授			690 年
如意			692 年
长寿			692 年
延载			694 年

续表

年号	君主	庙号	起始年（公元）
证圣	武曌①	大圣则天皇后（谥号）	695 年
天册万岁			695 年
万岁登封			696 年
万岁通天			696 年
神功			697 年
圣历			698 年
久视			700 年
大足			701 年
长安			701 年
神龙			705 年
神龙	李显	中宗	延用
景龙			707 年
唐隆	李重茂	殇帝（谥号）	710 年
景云	李旦	睿宗	710 年
太极			712 年
延和			712 年
先天	李隆基	玄宗	712 年
开元			713 年
天宝			742 年
至德	李亨	肃宗	756 年
乾元			758 年
上元			760 年
宝应			762 年
宝应			延用
广德			763 年

① 武后称帝后，改国号为周。——编者注

续表

年号	君主	庙号	起始年（公元）
永泰	李豫	代宗	765 年
大历			766 年
建中			780 年
兴元	李适	德宗	784 年
贞元			785 年
永贞	李诵	顺宗	805 年
元和	李纯	宪宗	806 年
长庆	李恒	穆宗	821 年
宝历	李湛	敬宗	825 年
大和	李昂	文宗	827 年
开成			836 年
会昌	李炎	武宗	841 年
大中	李忱	宣宗	847 年
大中	李漼	懿宗	延用
咸通			860 年
乾符			874 年
广明			880 年
中和	李儇	僖宗	881 年
光启			885 年
文德			888 年
龙纪			889 年
大顺			890 年
景福			892 年
乾宁	李晔	昭宗	894 年
光化			898 年
天复			901 年
天祐			904 年
天祐	李柷	哀帝（谥号）	延用

绘画参考资料

1. 韩伟、张建林：《陕西新出土唐墓壁画》，重庆出版社， 1998 年。
2. 周天游：《唐墓壁画珍品 · 懿德太子墓壁画》，文物出版社， 2002 年。
3. 周天游：《唐墓壁画珍品 · 章怀太子墓壁画》，文物出版社， 2002 年。
4. 陕西省考古研究所、陕西历史博物馆、礼泉县昭陵博物馆：《唐新城长公主墓发掘报告》，科学出版社，2004 年。
5. 王自力、孙福喜：《唐金乡县主墓》，文物出版社， 2002 年。
6. 中国陕西省考古研究院、德国美因茨罗马 - 日耳曼中央博物馆：《唐李倕墓：考古发掘、保护修复研究报告》，科学出版社， 2018 年。
7. 韩生：《法门寺文物图饰》，文物出版社，2009 年。
8. 河北省文物研究所、保定市文物管理处：《五代王处直墓》，文物出版社， 1998 年。
9. 咸阳市文物考古研究所：《五代冯晖墓》，重庆出版社， 2001 年。
10. 常沙娜：《中国敦煌历代装饰图案》，清华大学出版社， 2009 年。
11. 陈诗宇、王非：“大唐衣冠图志”系列图文（未出版）。

图书在版编目（CIP）数据

大唐女子图鉴 / 张昕玥编绘 . -- 长沙：湖南文艺出版社，2024.5

ISBN 978-7-5726-1692-1

Ⅰ. ①大… Ⅱ. ①张… Ⅲ. ①女性—化妆—中国—唐代—图集②女服—服饰文化—中国—唐代—图集 Ⅳ. ① TS974.12-092 ② TS941.742.2-64

中国国家版本馆 CIP 数据核字（2024）第 051572 号

上架建议：画集 · 文化

DATANG NÜZI TUJIAN

大唐女子图鉴

编 绘 者：张昕玥
出 版 人：陈新文
责任编辑：张子霏
监　　制：于向勇
策划编辑：陈文彬
文字编辑：张妍文　郑　荃
营销编辑：黄璐璐　时宇飞　邱　天
封面设计：沉清 Evechan
版式设计：梁秋晨
出　　版：湖南文艺出版社
（长沙市雨花区东二环一段 508 号　邮编：410014）
网　　址：www.hnwy.net
印　　刷：北京中科印刷有限公司
经　　销：新华书店
开　　本：770 mm × 1060 mm　1/16
字　　数：94 千字
印　　张：18
版　　次：2024 年 5 月第 1 版
印　　次：2024 年 5 月第 1 次印刷
书　　号：ISBN 978-7-5726-1692-1
定　　价：158.00 元

若有质量问题，请致电质量监督电话：010-59096394
团购电话：010-59320018